高等院校动画专业核心系列教材

主编 王建华 马振龙 副主编 何小青

U0210926

动画合成基础

王玉强 张炜 姚天正 编著

中国建筑工业出版社

《高等院校动画专业核心系列教材》
编委会

主　编　王建华　马振龙

副主编　何小青

编　委　（按姓氏笔画排序）

王玉强　王执安　叶　蓬　刘宪辉　齐　骥　孙　峰

李东禧　肖常庆　时　萌　张云辉　张跃起　张　璇

邵　恒　周　天　顾　杰　徐　欣　高　星　唐　旭

彭　璐　蒋元翰　靳　晶　魏长增　魏　武

总 序

INTRODUCTION

　　动画产业作为文化创意产业的重要组成部分，除经济功能之外，在很大程度上承担着塑造和确立国家文化形象的历史使命。

　　近年来，随着国家政策的大力扶持，中国动画产业也得到了迅猛发展。在前进中总结历史，我们发现：中国动画经历了 20 世纪 20 年代的闪亮登场，60 年代的辉煌成就，80 年代中后期的徘徊衰落。进入新世纪，中国经济实力和文化影响力的增强带动了文化产业的兴起，中国动画开始了当代二次创业——重新突围。2010 年，动画片产量达到 22 万分钟，首次超过美国、日本，成为世界第一。

　　在动画产业这种井喷式发展背景下，人才匮乏已经成为制约动画产业进一步做大做强的关键因素。动画产业的发展，专业人才的缺乏，推动了高等院校动画教育的迅速发展。中国动画教育尽管从 20 世纪 50 年代就已经开始，但直到 2000 年，设立动画专业的学校少、招生少、规模小。此后，从 2000 年到 2006 年 5 月，6 年时间全国新增 303 所高等院校开设动画专业，平均一个星期就有一所大学开设动画专业。到 2011 年上半年，国内大约 2400 多所高校开设了动画或与动画相关的专业，这是自 1978 年恢复高考以来，除艺术设计专业之外，出现的第二个"大跃进"专业。

　　面对如此庞大的动画专业学生，如何培养，已经成为所有动画教育者面对的现实，因此必须解决三个问题：师资培养、课程设置、教材建设。目前在所有专业中，动画专业教材建设的空间是最大的，也是各高校最重视的专业发展措施。一个专业发展成熟与否，实际上从其教材建设的数量与质量上就可以体现出来。高校动画专业教材的建设现状主要体现在以下三方面：一是动画类教材数量多，精品少。近 10 年来，动画专业类教材出版数量与日俱增，从最初上架在美术类、影视类、电脑类专柜，到目前在各大书店、图书馆拥有自身的专柜，乃至成为一大品种、门类。涵盖内容从动画概论到动画技法，可以说数量众多。与此同时，国内原创动画教材的精品很少，甚至一些优秀的动画教材仍需要依靠引进。二是操作技术类教材多，理论研究的教材少，而从文化学、传播学等学术角度系统研究动画艺术的教材可以说少之又少。三是选题视野狭窄，缺乏系统性、合理性、科学性。动画是一种综合性视听形式，它具有集技术、艺术和新媒介三种属性于一体的专业特点，要求教材建设既涉及技术、艺术，又涉及媒介，而目前的教材还很不理想。

基于以上现实，中国建筑工业出版社审时度势，邀请了国内较早且成熟开设动画专业的多家先进院校的学者、教授及业界专家，在总结国内外和自身教学经验的基础上，策划和编写了这套高等院校动画专业核心系列教材，以期改变目前此类教材市场之现状，更为满足动画学生之所需。

本系列教材在以下几方面力求有新的突破与特色：

选题跨学科性——扩大目前动画专业教学视野。动画本身就是一个跨学科专业，涉及艺术、技术，横跨美术学、传播学、影视学、文化学、经济学等，但传统的动画教材大多局限于动画本身，学科视野狭窄。本系列教材除了传统的动画理论、技法之外，增加研究动画文化、动画传播、动画产业等分册，力求使动画专业的学生能够适应多样的社会人才需求。

学科系统性——强调动画知识培养的系统性。目前国内动画专业教材建设，与其他学科相比，大多缺乏系统性、完整性。本系列教材力求构建动画专业的完整性、系统性，帮助学生系统地掌握动画各领域、各环节的主要内容。

层次兼顾性——兼顾本科和研究生教学层次。本系列教材既有针对本科低年级的动画概论、动画技法教材，也有针对本科高年级或研究生阶段的动画研究方法和动画文化理论。使其教学内容更加充实，同时深度上也有明显增加，力求培养本科低年级学生的动手能力和本科高年级及研究生的科研能力，适应目前不断发展的动画专业高层次教学要求。

内容前沿性——突出高层次制作、研究能力的培养。目前动画教材比较简略，多停留在技法培养和知识传授上，本系列教材力求在动画制作能力培养的基础上，突出对动画深层次理论的讨论，注重对许多前沿和专题问题的研究、展望，让学生及时抓住学科发展的脉络，引导他们对前沿问题展开自己的思考与探索。

教学实用性——实用于教与学。教材是根据教学大纲编写、供教学使用和要求学生掌握的学习工具，它不同于学术论著、技法介绍或操作手册。因此，教材的编写与出版，必须在体现学科特点与教学规律的基础上，根据不同教学对象和教学大纲的要求，结合相应的教学方式进行编写，确保实用于教与学。同时，除文字教材外，视听教材也是不可缺少的。本系列教材正是出于这些考虑，特别在一些教材后面附配套教学光盘，以方便教师备课和学生的自我学习。

适用广泛性——国内院校动画专业能够普遍使用。打破地域和学校局限，邀请国内不同地区具有代表性的动画院校专家学者或骨干教师参与编写本系列教材，力求最大限度地体现不同院校、不同教师的教学思想与方法，达到本系列动画教材学术观念的广泛性、互补性。

"百花齐放，百家争鸣"是我国文化事业发展的方针，本系列教材的推出，进一步充实和完善了当下动画教材建设的百花园，也必将推进动画学科的进一步发展。我们相信，只要学界与业界合力前进，力戒急功近利的浮躁心态，采取切实可行的措施，就能不断向中国动画产业输送合格的专业人才，保持中国动画产业的健康、可持续发展，最终实现动画"中国学派"的伟大复兴。

丛书主编：　　　　　　　　　中国传媒大学新闻学院

天津理工大学艺术学院

前 言

PREFACE

目前，中国的电影、电视业在特技、特效技术方面的水准与国际相较仍有一定的差距。但随着国际影视特效行业的变化以及我国影视特效领域的不断发展，如今中国已经成为备受国际影视巨作青睐的大规模制作集群聚集地，众多影视巨作将特效合成中相当多的制作环节放在中国完成。同时，我国自主生产的电影、电视作品也在急速地扩容，对于影视特效的制作需求急剧增加，整个行业都处于一个蓬勃发展的态势。

可以说，如今的影视特效领域处于供不应求的状态，行业内对于特效合成师的需求量十分庞大，其中包括电视特效合成、电视节目包装、电影特技编辑修复、电影特效合成、动画电影合成、动画剧合成等工作岗位。但是目前我国各层次高校针对特效合成师的人才培养仍然不够成熟，能够满足教学需求的教材非常稀少，这使得学习者及爱好者在对此领域的基础认知及学习上没有很好的学习资料和进阶桥梁。本书的编写正是呼应了影视特效发展的需求，针对高等院校的教学和学习需求，设计编写了这本影视特效基础教材。

本书的定位为基础应用教材，由全面了解到专项共进，呈阶梯式进阶的模式。内容全面且系统，并基于业界应用最为广泛的 After Effetcs 合成软件为软件平台进行编写。书中紧密贴合当前国际影视特效制作流程与方法，由浅入深、循序渐进地阐述了影视特效合成原理，并重点介绍 After Effetcs 软件的合成基础应用。书中收录了多个典型案例，系统地讲述了影视特效合成的制作流程，一步一步教导大家如何使用艺术的眼光来完成电影级的镜头制作。其中涉及很多影视合成的核心内容，如数字中间片的工作流程、三维跟踪、绿屏抠像、三维粒子等。

本书是由拥有十余年影视动画教育经验的教育团队与拥有十余年影视动画特效合成制作经验的制作团队编写而成。集合了教学团队多年的教学经验和企业一线生产力的制作经验，力求理论与实践并举、教学与应用互融，可以说是一本涵盖基础理论知识且与技术紧密结合，内容丰富、形式新颖、简明易懂的影视动画合成基础的专业教材。

本书的编写团队拥有十余年的影视动画行业的从业经验，拥有丰富的项目制作经验、科研经验、教学经验，积累了丰富的项目资源和教育资源，先后出版过三十余本专业教材及软件标准教材，是业内多家专业软件的授权教育技术支持中心，主要有：The Foundry 中国培训管理中心、MTI 中国教育技术管理中心以及 Adobe 创意大学专家、Autodesk ADN、Apple ADE 等。我们参与制作了多部影视制作，获得了多项国家级重点科研项目，拥有五十多所合作院校。

本书由灵然创智（天津）动画科技发展有限公司副总经理兼后期特效合成总监张炜、教育总监王玉强、特效合成高级工程师姚天正编著。公司的制作团队为本书的编写提供了极大的帮助，专门拍摄并制作了书中的案例。同时也受到了业界知名专家王一夫先生对本教材的全程指导和修正。

希望本书的出版可以有效地将特效合成不同层次的相关专业知识传授给特效合成学习者与爱好者，为高校培养人才及企业应用人才提供一个很好的帮助。人才专业水平的提高最终促使国产电影、电视产品制作质量提高，也将提高国产电影、电视产品的国际竞争力。

目 录

CONTENTS

第 1 章　基本概念

本章的主要内容为特效合成领域的基本概念的介绍，这些内容是认识这个行业的基础，也是业内人员交流时所需的基础知识。本章的后半部分，还介绍了合成的基本理念和思路，这是完成特效合成所需要具备的基础素质。

1.1　如何描述色彩

影视艺术是一门视觉艺术，这一行业的从业者最先需要了解的就是描述眼睛看到的内容，也就是色彩。色彩的描述涉及了多个综合性学科，本书只是对特效合成领域需要的概念和理论进行一下讲解。

1.1.1　颜色的定义

图像的数字化首先要考虑到如何用数字来描述颜色。国际照明委员会 CIE (International Commission on Illumination) 对颜色的描述作了一个通用的定义，用颜色的三个特性来区分颜色。这些特性是色调、饱和度和明度，它们是颜色所固有的，并且是截然不同的特性。

色调（Hue）又称为色相，指颜色的外观，用于区别颜色的名称或颜色的种类。色调用红、橙、黄、绿、青、蓝、靛、紫等术语来描述。用于描述感知色调的一个术语是色彩（Colorfulness）。

饱和度（Saturation）是相对于明度的一个区域的色彩，是指颜色的纯洁性，它可用来区别颜色明暗的程度。完全饱和的颜色是指没有渗入白光所呈现的颜色，例如仅由单一波长组成的光谱色就是完全饱和的颜色。

明度（Brightness）是视觉系统对可见物体辐射或者发光多少的感知属性。它和人的感知有关。由于明度很难度量，因此国际照明委员会定义了一个比较容易度量的物理量,称为亮度（Luminance）来度量明度，亮度即辐射的能量。明度的一个极端是黑色（没有光），另一个极端是白色，在这两个极端之间是灰色。

光亮度（Lightness）是人的视觉系统对亮度的感知响应值，光亮度可用作颜色空间的一个维度，而明度则仅限于发光体，该术语用来描述反射表面或者透射表面。

1.1.2　颜色空间

对于图像来说，最简单的图像的色彩由黑白两色组成，也就是通常所说的黑白图。

进一步，把由黑到白之间的变化细分出来，就是通常所说得灰阶（图 1–1）。而计算机是不可能完成无线细分的（实际上人眼也不能），这就需要一个参数来规定细分的程度，从而使计算机能够进行判断，灰度图细分的程度采用的是色深来进行度量。

图 1–1

色深，也称位深，是用来描述从黑到白的灰度信息的精细程度的参数，也可以描述图像的每个像素所能表达的信息的数量级。色深的单位是位（bit），指的是位数，8 位即 2^8。常见的数字视频通常是 8 位色深，即 2^8（256）种颜色。灰度图也是各种颜色通道的基础。

从黑白到灰度再到彩色是描述色彩的一个过

程。如果说，黑白图的颜色像一个零维的空间，非黑即白；灰度图的颜色像一个一维空间，只需要一个数值即可表达出其颜色。而一到彩色就变成了三维的空间，每一种颜色需要三个相对独立的属性来表示，因为这时需要来描述复杂的真实世界了，描述彩色色彩的不同方案被称为色彩模式，也被称为颜色空间。

颜色空间按照基本结构可以分两大类，基色颜色空间和色、亮分离颜色空间。

首先介绍一下最常见的两种基色颜色空间，RGB 色彩模式和 CMYK 色彩模式。

RGB 色彩模式是最基础的色彩模式，RGB 指的是红、绿、蓝三原光，RGB 即 Red、Green、Blue 的首字母。在自然界，红、绿、蓝三原光可以模拟出所有的颜色，所以在最开始人们就想到了用三原光来表示自然界内的多种多样的颜色。在这里，红、绿、蓝都根据其亮度从最暗到最亮分成了很多份，称之为颜色通道。RGB 色彩模式即是以红、绿、蓝为空间的三个坐标轴构成的色彩空间，不同的色彩在这个空间里对应着不同的红、绿、蓝数值。颜色通道分得越细，表达的色彩越细腻。我们在电脑上看到的所有图像都使用的是这种色彩模式，显示器的物理结构即是采用的 RGB 色彩模式（图 1-2）。

除了 RGB 之外，还有一种 CMYK 色彩模式也很重要。CMYK 也称作印刷色彩模式，顾名思义就是用来印刷的。它和 RGB 相比有一个很大的不同：RGB 模式是一种发光的色彩模式，你在一间黑暗的房间内仍然可以看见屏幕上的内容；CMYK 是一种依靠反光的色彩模式，我们是怎样阅读报纸的内容呢？是由阳光或灯光照射到报纸上，再反射到我们的眼中，才看到内容。它需要有外界光源，你在黑暗房间内是无法阅读报纸的。

前面说过，只要在屏幕上显示的图像，就是 RGB 模式表现的。现在加上一句：只要是在印刷品上看到的图像，就是 CMYK 模式表现的。比如期刊、杂志、报纸、宣传画等，都是印刷出来的。和 RGB 类似，CMY 是三种印刷油墨名称的首字

母：青色 Cyan、洋红色（品红）Magenta、黄色 Yellow。而 K 取的是 black 最后一个字母，之所以不取首字母，是为了避免与蓝色（Blue）混淆。从理论上来说，只需要 CMY 三种油墨就足够了，它们三个加在一起就应该得到黑色。但是由于目前制造工艺还不能造出高纯度的油墨，CMY 相加的结果实际是一种暗红色。因此还需要加入一种专门的黑墨来中和。

青色、洋红色、黄色分别是红色、绿色、蓝色的补色。在 RGB 色彩模式下，绿＋蓝＝青、红＋蓝＝品、红＋绿＝黄。

色、亮分离颜色空间是将颜色的亮度分离出来，再加上另外的两个属性来表达颜色。最常见的是 HSV 色彩模式、YUV 色彩模式、Lab 色彩模式。

HSV 色彩模式通过 H 色相、S 饱和度、V 亮度三个属性来表述颜色（图 1-3）。色相指的是色彩的相貌。在可见光谱上，人的视觉能感受到红、橙、黄、绿、蓝、紫这些不同特征的色彩，人们给这些可以相互区别的色定出名称，当我们称呼到其中某一色的名称时，就会有一个特定的色彩印象，这就是色相的概念。饱和度，指的是色彩的纯度。纯度越高，表现越鲜明；纯度较低，表现则较黯淡。亮度，指的是色彩的光亮程度，即其饱和度为零时的灰度值。

YUV 色彩模式和 Lab 色彩模式很相似，都是通过一个亮度信息和两个色彩信息来表达色彩，YUV 色彩模式和 Lab 色彩模式各有其应用空间，我们在这里就不详细叙述了。

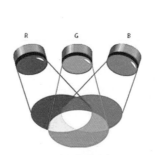

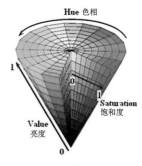

图 1-2　RGB 色彩空间　　　图 1-3　HSV 色彩模式

1.2　如何描述数字图像

计算机图形学（Computer Graphics，简称 CG）是一种使用数学算法将二维或三维图形转化为计算机显示器的栅格形式的科学。简单地说，计算机图形学的主要研究内容就是研究如何在计算机中表示图形，以及利用计算机进行图形的计算、处理和显示的相关原理与算法。

关于计算机图形图像学，我们在此不作更深入的探讨，但是作为数字图像的根本学科，对计算机图形图像学的研究将帮助我们从根本上改变数字图像的概念，从事这方面研究的工程师实际上在制定数字图像的根本原则。

而我们需要了解的是其外在表现，即我们在计算机中看到的图像。

计算机中显示的图形一般可以分为两大类——矢量图和位图。

1.2.1　矢量图和位图

1.2.1.1　矢量图

矢量图使用直线和曲线来描述图形，这些图形的元素是一些点、线、矩形、多边形、圆和弧线等，它们都是通过数学公式计算获得的。

例如，一幅画的矢量图形实际上是由线段形成外框轮廓，由外框的颜色以及外框所封闭的颜色决定其显示出的颜色（图 1-4）。

在动画制作过程中，矢量图具有如下的特点：

1．由于矢量图形可通过公式计算获得，所以矢量图形文件体积一般较小。

2．矢量图形无论放大、缩小或旋转均不会失真。

3．难以表现色彩层次丰富的逼真图像效果。

4．需要人力完成矢量图的制作。

5．矢量图的这些特点正是由于它是有数学公式描述的，在动画制作软件中，通过软件制作的图像或物体普遍具有这一特点，当然仅限于软件之中。

1.2.1.2　位图

位图图像又称为光栅图，是用每一个栅格内不同颜色的点来描述图像属性的，这些点就是我们常说的像素。

相对于矢量图，位图图像有如下特点：

1．位图图像的文件体积会根据其存储画面的精细程度而有相当大的差别，但普遍来说是比矢量图像大的。

2．编辑位图会改变它的显示质量，尤其是放大图像，会因为图像在栅格内的重新分配而导致图像边缘粗糙。

3．在比位图图像本身的分辨率低的输出设备上显示图像也会降低图像的显示质量。

4．位图的获得渠道相当广泛，故而普遍应用于数字图像的各个领域（图 1-5）。

我们通常看到的数字视频正是由位图图像构成的，那么我们首先了解一下如何描述位图图像。

由于位图图像的特点，我们可以使用相对直观的参数来描述一张位图图像：

1．分辨率，一张图像是有大小的，计算机图像通常是矩形的，用宽和高两个属性来表示其大小，我们称其为图像的分辨率。宽和高的单位通常是像素，我们常见的计算机的分辨率 1280×1024，即以像素为单位，也有用真实长度为单位的。但这个时候会涉及另一个分辨率的概念，即单位长度内的像素数，在扫描和印刷时常用到的"线"就是指的这个分辨率，单位是像素／英寸。在后期合成时，由于最终以视频播出为目标，分辨率固定为 72 线。

2．宽高比，宽高比在这里也有两种不同的概念。图像宽高比指图像的宽高的比值，常用的标清 4：3 和高清 16：9 就是指的图像宽高比。还有一种像素宽高比，即构成图像像素的宽和高的

图 1-4　LOGO 设计需要使用矢量图形　　图 1-5　拍摄的照片属于位图

比。造成这种现象的原因是图像在不同的介质上时，其像素的宽高是变化的，甚至不同的制式宽高比也不尽相同（比如计算机是正方形的，而电视机是长方形的），这样在播放时应避免不必要的变形而影响效果。

3. 色深，图像的每个像素所能表达的颜色信息的多少。

4. 压缩格式，图像在计算机内的存储方式。

5. 通道信息，图像所携带的多种信息，通常与压缩格式相关。

压缩格式和通道信息是图像的重要参数，下面我们就来了解一下。

1.2.2 图像压缩格式

计算机在存储图像时，需要将该图像的信息详细地记录下来，最直观的方法就是将位图图像的每一个像素的信息逐一记录。但是由于受制于存储空间的限制，人们又需要尽可能地采取某种优化的方式，来使得最终的图像文件尽可能的小，这样就产生了图像压缩编码。

图像压缩编码即在满足一定保真度的要求下，对图像数据进行变换、编码和压缩，去除多余数据，减少表示数字图像时需要的数据量，以便于图像的存储和传输。即以较少的数据量有损或无损地表示原来的像素矩阵的技术，也称图像编码。

图像压缩编码可分为两类：一类压缩是可逆的，即从压缩后的数据可以完全恢复原来的图像，信息没有损失，称为无损压缩编码；另一类压缩是不可逆的，即从压缩后的数据无法完全恢复原来的图像，信息有一定损失，称为有损压缩编码。

有损压缩可以减少图像在内存和磁盘中占用的空间，在屏幕上观看图像时，不会发现它对图像的外观产生太大的不利影响。因为人的眼睛对光线比较敏感，光线对景物的作用比颜色的作用更为重要，这就是有损压缩技术的基本依据。

有损压缩的特点是保持颜色的逐渐变化，删除图像中颜色的突然变化。生物学中的大量实验证明，人类大脑会利用与附近最接近的颜色来填补所丢失的颜色。例如，对于蓝色天空背景上的一朵白云，有损压缩的方法就是删除图像中景物边缘的某些颜色部分。当在屏幕上看这幅图时，大脑会利用在景物上看到的颜色填补所丢失的颜色部分。利用有损压缩技术，某些数据被有意地删除了，而被取消的数据也不再恢复。

无可否认，利用有损压缩技术可以大大地压缩文件的数据，但是会影响图像质量。如果使用了有损压缩的图像仅在屏幕上显示，可能对图像质量影响不太大，至少对于人类眼睛的识别程度来说区别不大。可是，如果要把一幅经过有损压缩技术处理的图像用高分辨率打印机打印出来，那么图像质量就会有明显的受损痕迹。

无损压缩的基本原理是相同的颜色信息只需保存一次。压缩图像的软件首先会确定图像中哪些区域是相同的，哪些是不同的。其包括了重复数据的图像（如蓝天）就可以被压缩，只有蓝天的起始点和终结点需要被记录下来。但是蓝色可能还会有不同的深浅，天空有时也可能被树木、山峰或其他的对象掩盖，这些就需要另外记录。从本质上看，无损压缩的方法可以删除一些重复数据，大大减少要在磁盘上保存的图像尺寸。但是，无损压缩的方法并不能减少图像的内存占用量，这是因为，当从磁盘上读取图像时，软件又会把丢失的像素用适当的颜色信息填充进来。如果要减少图像占用内存的容量，就必须使用有损压缩方法。

无损压缩方法的优点是能够比较好地保存图像的质量，但是相对来说这种方法的压缩率比较低。但是，如果需要把图像用高分辨率的打印机打印出来，最好还是使用无损压缩。几乎所有的图像文件都采用各自简化的格式名作为文件扩展名。从扩展名就可知道这幅图像是按什么格式存储的，应该用什么样的软件去读／写等。

图像文件经过编码存放在硬盘等存储空间时会根据其编码方式命名为不同的后缀名，即图像格式通常有 JPEG、PSD、TIFF、TGA 等。这些文件格式各具特色，在我们的动画制作中发挥着不同的作用。

1.2.2.1　BMP 格式

BMP 格式是一种与硬件设备无关的图像文件格式，使用非常广。后缀名为".bmp"它采用位映射存储格式，除了图像深度可选以外，不采用其他任何压缩。因此，BMP 文件所占用的空间很大。BMP 文件的图像深度可选：lbit、4bit、8bit 及 24bit。由于 BMP 文件格式是 Windows 环境中交换与图有关的数据的一种标准，因此在 Windows 环境中运行的图形图像软件都支持 BMP 图像格式。

1.2.2.2　TIFF 格式

TIFF 格式（Tag Image File Format）图像文件是由 Aldus 和 Microsoft 公司为桌上出版系统研制开发的一种较为通用的图像文件格式。扩展名为".tiff"或者".tif"。TIFF 支持多种编码方法，其中包括 RGB 无压缩、RLE 压缩及 JPEG 压缩等。TIFF 是现存图像文件格式中最复杂的一种，它具有扩展性、方便性、可改性，可以提供给 IBM PC 等环境中运行、图像编辑程序。

1.2.2.3　JPEG 格式

JPEG 格式是 Joint Photographic Experts Group（联合图像专家组）的缩写，文件后辍名为".jpg"或".jpeg"，是最常用的图像文件格式，由一个软件开发联合会组织制定，是一种有损压缩格式，能够将图像压缩在很小的储存空间，图像中重复或不重要的资料会被丢失，因此容易造成图像数据的损伤。尤其是使用过高的压缩比例，将使最终解压缩后恢复的图像质量明显降低，如果追求高品质图像，不宜采用过高压缩比例。但是 JPEG 压缩技术十分先进，它用有损压缩方式去除冗余的图像数据，在获得极高的压缩率的同时能展现十分丰富生动的图像，换句话说，就是可以用最少的磁盘空间得到较好的图像品质。而且 JPEG 是一种很灵活的格式，具有调节图像质量的功能，允许用不同的压缩比例对文件进行压缩，支持多种压缩级别，压缩比率通常在 10：1 到 40：1 之间。压缩比越大，品质就越低；相反，压缩比越小，品质就越好。比如可以把 1.37Mb

的 BMP 位图文件压缩至 20.3KB。当然也可以在图像质量和文件尺寸之间找到平衡点。JPEG 格式压缩的主要是高频信息，对色彩的信息保留较好，适合应用于互联网，可减少图像的传输时间，可以支持 24bit 真彩色，也普遍应用于需要连续色调的图像。

1.2.2.4　TGA 格式

TGA 格式（Tagged Graphics）是由美国 Truevision 公司为其显示卡开发的一种图像文件格式，文件后缀为".tga"，已被国际上的图形、图像工业所接受。TGA 的结构比较简单，属于一种图形、图像数据的通用格式，在多媒体领域有很大影响，是计算机生成图像向电视转换的一种首选格式，也是数字视频制作过程中传递画面信息的首选格式。

1.2.2.5　PSD 格式

PSD 格式是 Photoshop 图像处理软件的专用文件格式，文件扩展名是".psd"，可以支持图层、通道、蒙版和不同色彩模式的各种图像特征，是一种非压缩的原始文件保存格式。PSD 文件有时容量会很大，但由于可以保留所有原始信息，在图像处理中对于尚未制作完成的图像，选用 PSD 格式保存是最佳的选择。

1.2.2.6　PNG 格式

PNG 格式（Portable Networf Graphics）的原名称为"可移植性网络图像"，是网上接受的最新图像文件格式。PNG 能够提供长度比 GIF 小 30% 的无损压缩图像文件。它同时提供 24 位和 48 位真彩色图像支持以及其他诸多技术性支持。由于 PNG 非常新，所以目前并不是所有的程序都可以用它来存储图像文件，但 Photoshop 可以处理 PNG 图像文件，也可以用 PNG 图像文件格式存储。

1.2.2.7　GIF 图像格式

GIF 图像格式（Graphics Interchange Format）的原义是"图像互换格式"，是 CompuServe 公司在 1987 年开发的图像文件格式。其压缩率一般在 50% 左右，它不属于任何应用程序。目前几乎所有相关软件都支持它，公共领域有大量的软件在使用 GIF 图像文件。GIF 图像文件的数据是经过压缩的，而且是采用了可变长度等压缩算法。所以 GIF 的图像深度从 1bit 到 8bit，因此 GIF 最多支持 256 种色彩的图像。GIF 格式的另一个特点是其在一个 GIF 文件中可以存多幅彩色图像，如果把存于一个文件中的多幅图像数据逐幅读出并显示到屏幕上，就可构成一种最简单的动画。

1.2.3 通道信息

通道是一个相当宽泛的概念。我们可以首先通过颜色通道开始来认知。

1.2.3.1 颜色通道

我们在之前的色彩知识的讲解中，简单介绍了颜色通道。而对于图像素材的通道运用来说，颜色通道不仅仅是色彩的一个信息，而且是组成素材的一个元素。例如 RGB 色彩通道，就是三幅灰度图，计算机通过特定的计算使他们能够分别控制红、绿、蓝的色彩参数。

所以说，我们在进行合成时，经常会需要查看某个颜色通道，或者调用某个通道的信息，就是颜色通道的运用。

但是，颜色通道和其他通道又有所区别。例如采用 RGB 颜色空间的素材也可以调用其 YUV 通道的信息，不同颜色空间理论上是可以相互转换的，这也是颜色通道的灵活之处。

1.2.3.2 透明通道

用来表述像素的透明程度，通常用灰度图表示，由白到黑表示由不透明到透明。简单的 Alpha 通道只有黑白两色。

如果说颜色通道通过构建了一个三维空间来描述色彩，那么透明通道则是给这个三维空间添加了新的维度，每一个像素可以通过 Alpha 通道的信息来反映其透明程度，即 R、G、B、A。

四个维度的空间已经超出直观认知之外了，但是由于透明通道的特殊性，进行动画合成时，还是可以通过视觉有所把握。而多通道则更加复杂。

1.2.3.3 多通道

从零维的黑白空间，到一维的灰度空间，再到三维的 RGB 空间，再到四维的 RGBA 空间，看似复杂，其实仍旧在视觉可以认知的范围之内，而一张图像所包含的信息，远远不止于此。

可以将 RGBA 空间看做是图像通过 4 张灰度图信息，利用不同的计算方式获得了最终看到的画面。那么，可以进一步扩展开来，将更多的信息加载到一张图像上，或者一个图像文件上。这就形成了最基本的多通道概念。

多通道的概念可以延伸到两个方向。

第一类多通道是以 Rpf 文件为代表的能够携带大量信息的文件类型，这主要是应用于针对动画制作软件，尤其是三维动画制作软件的一种模式，而在这一模式下，工作者通过这一文件所携带的信息来完成对图像的更加负责的效果。这一应用的主要特点是：

1. 操作简单，无论是对于三维软件还是合成软件，主要依赖于软件本身的功能。

2. 文件体积较大。

3. 所能完成的效果主要依赖于软件功能。

4. 不同软件对于 Rpf 文件的支持能力不同，多软件协作困难。

第二类多通道指的是通过多组信息来描述一幅画面，即将本来可以整合在一个文件中的信息拆分到多个文件之中，甚至添加更多的参考文件，这些文件通过合成软件分别控制画面的不同部分，组合出最终的画面效果，可以说这种多通道概念更加符合合成的初衷。其具有如下特点：

1. 对于三维制作软件或二维制作软件来说，需要考虑更多的输出需求。

2. 文件数量较大，管理困难。

3. 所完成的效果需要在制作前构思好，针对可能的变化选择不同的通道信息。

4. 可以使用绝大部分的文件类型。

多通道在动画制作中的应用将越来越广泛，这也将是合成这一制作环节在动画制作中所能完成的主要工作。

1.3　如何描述数字视频

就目前而言，观众所看到的动态视频都是利用人眼的视觉残留功能，大量的连贯图像在人眼前快速地闪现而产生的动态效果。数字视频实际上是由大量的数字图像构成的。在了解了数字图像之后，可以说在一定程度上已经了解了数字视频。下面我们介绍一下视频的一些基础知识。

1.3.1　视频文件的常规参数

视频中的每一张图像我们称之为一帧，我们也会以位图序列（即名称中末尾数字不同的多个相同格式的位图图像）来存储视频信息，因此单张的图片素材我们也可称之为单帧图。图像在人眼前闪现的速度我们用帧速率来表示，帧速率指的是每秒钟闪现的帧数。

1.3.1.1　视频分辨率和宽高比

视频的分辨率和宽高比指的是每一帧的分辨率和宽高比。

1.3.1.2　视频场信息

目前，许多数字视频仍建立在当年模拟视频编码的基础上。认识视频场要从模拟黑白电视信号入手：电视画面是二维的，扫描技术的应用实现了电视信号传输。为了避免画面闪烁，PAL 制规定每秒传输 50 场图像。但如果逐行传输这 50 场，视频带宽太大，于是引入帧概念，将两场图像交错间置，合并成 1 帧（牺牲了垂直分辨率，但符合人眼视觉习惯），这样电视信号每秒只传输 25 帧画面，等效带宽减少了一半，同时也保证了每秒 50 场的画面不低于人眼的视觉惰性频率。这就是电视隔行扫描技术。通常所说的"一帧画面包含两个场"的实际含义是"两个场合并成一帧"，所以，理解了"先有场，后有帧"真正含义，对视频制作很有帮助。对静止图像来说，每秒钟 50 个场的画面是一样的，每帧的画面也是一样的。运动图像的视频帧就有些微妙了，首先，摄像机以每秒 50 场的速度记录下运动物体的 50 次位移，换句话说，物体在每一场的位置都有变化，那么

在 PAL 制中，把两场不完全一样的图像合并成一帧的时候，如果该帧的奇数行反映的是第一场画面，偶数行记录的就是第二场的画面，但第二场的物体已经移动了。因此在电脑上观察当前帧的定格画面，物体边缘就会出现"毛刺"；如果在电视上看的话，定格画面就会不清晰，甚至晃得很厉害，但这是正常的现象。

1.3.2　视频文件的标准

目前，世界上现行的彩色电视制式有三种：NTSC 制、PAL 制和 SECAM 制。这里不包括高清晰度彩色电视 HDTV（High-Definition Television）。

1.3.2.1　NTSC 制

NTSC（National Television Systems Committee）彩色电视制是 1952 年美国国家电视标准委员会定义的彩色电视广播标准，称为正交平衡调幅制。美国、加拿大等大部分西半球国家，日本、韩国、菲律宾等国，以及中国的台湾地区采用这种制式。

NTSC 彩色电视制的主要特性是：

1. 525 行 / 帧，30 帧 / 秒（29.97fps，33.37ms/frame）。

2. 高宽比：电视画面的长宽比（电视为 4：3；电影为 3：2；高清晰度电视为 16：9）。

3. 隔行扫描，一帧分成 2 场（field），262.5 线 / 场。

4. 在每场的开始部分保留 20 扫描线作为控制信息，因此只有 485 条线的可视数据。激光视盘约 420 线，S-VHS 录像机约 320 线。

5. 每行 63.5 微秒，水平回扫时间 10 微秒（包含 5 微秒的水平同步脉冲），所以显示时间是 53.5 微秒。

6. 颜色模型：YIQ。

一帧图像的总行数为 525 行，分两场扫描。行扫描频率为 15750Hz，周期为 63.5ms；场扫描频率是 60Hz，周期为 16.67ms；帧频是 30Hz，周期 33.33ms。每一场的扫描行数为 525/2=262.5 行。除了两场的场回扫外，实际传送图像的行数

为 480 行。

1.3.2.2　PAL 制

由于 NTSC 制存在因相位敏感造成彩色失真的缺点，因此德国（当时的西德）于 1962 年制定了 PAL（Phase-Alternative Line）制彩色电视广播标准，称为逐行倒相正交平衡调幅制。德国、英国等一些西欧国家，以及中国、朝鲜等国家采用这种制式。

PAL 电视制的主要扫描特性是：

1. 625 行(扫描线) / 帧，25 帧 / 秒(40ms/ 帧)。
2. 长宽比（aspect ratio）：4：3。
3. 隔行扫描，2 场 / 帧，312.5 行 / 场。
4. 颜色模型：YUV。

1.3.2.3　SECAM 制

法国制定了 SECAM（法文：Sequential Coleur Avec Memoire）彩色电视广播标准，称为顺序传送彩色与存储制。

这种制式与 PAL 制类似，其差别是 SECAM 中的色度信号是频率调制（FM），而且它的两个色差信号：红色差（R\'-Y\'）和蓝色差（B\'-Y\'）信号是按行的顺序传输的。法国、俄罗斯、东欧和中东等约有 65 个地区和国家使用这种制式，图像格式为 4：3，625 线，50Hz，6 MHz 电视信号带宽，总带宽 8MHz。

1.3.3　视频格式

与图片文件相类似，视频文件在保存在存储介质中时，也是需要进行编码的。

1.3.3.1　AVI 格式

AVI 的英文全称为 Audio Video Interleaved，即音频视频交错格式。它于 1992 年被 Microsoft 公司推出，随 Windows3.1 一起被人们所认识和熟知。这种视频格式的优点是图像质量好，可以跨多个平台使用，但是其缺点是体积过于庞大，而且更加糟糕的是压缩标准不统一，因此经常会遇到高版本 Windows 媒体播放器播放不了采用早期编码编辑的 AVI 格式视频，而低版本 Windows 媒体播放器又播放不了采用最新编码编辑的 AVI 格式视频。

1.3.3.2　DV-AVI 格式

DV 的英文全称是 Digital Video Format，是由索尼、松下、JVC 等多家厂商联合提出的一种家用数字视频格式。它可以通过电脑的 IEEE 1394 端口传输视频数据到电脑，也可以将电脑中编辑好的视频数据回录到数码摄像机中。这种视频格式的文件扩展名一般也是".avi"，所以我们习惯地叫它为 DV-AVI 格式。

1.3.3.3　MPEG 格式

MPEG 的英文全称为 Moving Picture Expert Group，即运动图像专家组格式，家里常看的 VCD、SVCD、DVD 就是这种格式。MPEG 文件格式是运动图像压缩算法的国际标准，它采用了有损压缩方法从而减少运动图像中的冗余信息。目前 MPEG 格式有三个压缩标准，分别是 MPEG-1、MPEG-2 和 MPEG-4。

1.MPEG-1：制定于 1992 年，它是针对 1.5Mbps 以下数据传输率的数字存储媒体运动图像及其伴音编码而设计的国际标准。也就是我们通常所见到的 VCD 制作格式。这种视频格式的文件扩展名包括".mpg"、".mlv"、".mpe"、".mpeg"及 VCD 光盘中的".dat"文件等。

2.MPEG-2：制定于 1994 年，设计目标为高级工业标准的图像质量以及更高的传输率。这种格式主要应用在 DVD/SVCD 的制作（压缩）方面，同时在一些 HDTV（高清晰电视广播）和一些高要求视频编辑、处理上面也有相当的应用。这种视频格式的文件扩展名包括".mpg"、".mpe"、".mpeg"、".m2v"及 DVD 光盘上的".vob"文件等。

3.MPEG-4：制定于 1998 年，MPEG-4 是为了播放流式媒体的高质量视频而专门设计的，它可利用很窄的带度，通过帧重建技术，压缩和传输数据，以求使用最少的数据获得最佳的图像质量。MPEG-4 最有吸引力的地方在于它能够保存接近于 DVD 画质的小体积视频文件。这种视频格式的文件扩展名包括".asf"、".mov"和"DivX"、".avi"等。

1.3.3.4　DivX 格式

DivX 是由 MPEG-4 衍生出的另一种视频编码(压缩)标准,也即我们通常所说的 DVDrip 格式,它采用了 MPEG-4 的压缩算法,同时又综合了 MPEG-4 与 MP3 各方面的技术,简单地说,就是使用 DivX 压缩技术对 DVD 盘片的视频图像进行高质量压缩,同时用 MP3 或 AC3 对音频进行压缩,然后再将视频与音频合成并加上相应的外挂字幕文件而形成的视频格式,其画质直逼 DVD。

1.3.3.5　MOV 格式

MOV 是美国 Apple 公司开发的一种视频格式,默认的播放器是苹果的 QuickTimePlayer。MOV格式具有较高的压缩比率和较完美的视频清晰度等特点,但是其最大的特点还是跨平台性,即不仅能支持 MacOS,同样也能支持 Windows 系列平台。

1.3.3.6　ASF 格式

ASF 的 英 文 全 称 为 Advanced Streaming format,它是微软为了和现在的 Real Player 竞争而推出的一种视频格式,用户可以直接使用 Windows 自带的 Windows Media Player 对其进行播放。由于它使用了 MPEG-4 的压缩算法,所以压缩率和图像的质量都很不错。

1.3.3.7　WMV 格式

WMV 的英文全称为 Windows Media Video,也是微软推出的一种采用独立编码方式并且可以直接在网上实时观看视频节目的文件压缩格式。WMV 格式的主要优点包括:本地或网络回放、可扩充的媒体类型、可伸缩的媒体类型、多语言支持、环境独立性、丰富的流间关系以及扩展性等。

1.3.3.8　RM 格式

Networks 公司所制定的音频视频压缩规范称之为 RealMedia,用户可以使用 RealPlayer 或 RealOne Player 对 符 合 RealMedia 技术规范的网络音频／视频资源进行实况转播,并且 RealMedia 还可以根据不同的网络传输速率制定出不同的压缩比率,从而实现在低速率的网络上进行影像数据实时传送和播放。这种格式的另一个特点是用户使用 RealPlayer 或 RealOne Player

播放器可以在不下载音频／视频内容的条件下实现在线播放。

1.3.3.9　RMVB 格式

这是一种由 RM 视频格式升级延伸出的新视频格式,它的先进之处在于 RMVB 视频格式打破了原先 RM 格式那种平均压缩采样的方式,在保证平均压缩比的基础上合理利用比特率资源,即静止和动作场面少的画面场景采用较低的编码速率,这样可以留出更多的带宽空间,而这些带宽会在出现快速运动的画面场景时被利用。这样在保证了静止画面质量的前提下,大幅地提高了运动图像的画面质量,从而图像质量和文件大小之间就达到了微妙的平衡。

1.4　合成的理念

合成的理念是随着影视特效的发展而逐渐成形的,当然在计算机技术介入到特效制作之前,合成并没有确切地从制作工序中独立出来。

1.4.1　合成的概念

就现在来说,合成指的是将利用不同手段获得的视觉元素在同一个画面中有机的结合,共同构成制作者所需要的一个个镜头的过程。从概念上说,合成一般要将不同的对象结合在一起,或者将某些元素添加到已有的图像之中;不过从广义上讲,通过合成软件对单一图像进行处理来获得想要的镜头画面,也可以算作合成的范围。

合成过程中所使用到的各个元素我们称之为素材(Footage)。

合成软件中已有的对这些素材加以加工的工具我们称之为滤镜或者特效(Effects)。

软件中处理后而没有输出的素材则构成了一个个图层(Layer,图 1-6),一次合成工作我们称之为项目(Composite)。

合成并不是一个复杂的概念,但是每一次对它有了更深刻的认识都会带来对合成的工作流程的新的改进。

图1-6　图层

1.4.2　图层的概念

合成涉及的概念很多，而其中图层的概念是重中之重。

图层的概念可以说是伴随着合成的概念而形成的，归根结底还要追溯到早期的电影特效制作手段。

在最早的特效合成制作中，有两种常用且有效的手法，就是多次曝光和背景放映合成。

多次曝光技术是在一张页片或一幅胶片上拍摄几个影像。同一个物体可以拍摄几次，或者将几个不同的物体拍摄在一起。多次印放是用一张底片在同一张相纸上反复曝光多次。

背景放映合成是把作为背景用的幻灯片或影片放映在银幕上，演员在银幕前表演，通过摄影机拍摄得到完整的合成画面的工艺。

背景放映合成早在20世纪30年代已广泛用于电影特技之中。背景放映合成多用于较大场面的自然风景和背景不断变化的镜头中，例如汽车、火车行驶中窗外风景不断变化的场景，演员高空表演时的背景等。根据放映背景的不同，可分为静止背景和动态背景。静止背景选用大尺寸幻灯片，动态背景用放映影片的方法。这两种方法要求幻灯机或放映机定位准确、放映光源较强、放映镜头清晰度较高、幻灯片或影片颗粒细，以保证较亮的高清晰度放映影像。拍摄时放映机与摄影机同步工作。放映机和摄影机装有间歇定位装置。背景放映合成用的银幕是半透明的，其尺寸大小根据背景内容而定。如表现汽车车窗外移动街景，只需较小的银幕；表现较大的移动场景，则需相当大的银幕。无论银幕大小，必须保证足够的亮度，银幕中心和边缘的亮度不能有明显的差异。为了将幕前表演的演员和放映在幕上的背

景都拍摄得清晰，二者须处于一定的景深范围之内，因此要求演员尽量靠近银幕，但须避免照明光线投射到放映银幕上。

背景放映合成的优点是拍摄时即可看到完整的合成画面，演员的表演可与背景密切配合，摄影机在银幕前一定范围内可移动拍摄，以获得较理想的艺术效果。

可以说，多次曝光和背景放映合成是合成的雏形，而两次曝光或者投放到银幕上的幻灯片就是图层的起源了。之后，为了表现不同层次和景深的变化，特效师们又开始在多个玻璃板上绘制图像来同时拍摄，这样图层的概念已经呼之欲出了。

图层的概念是随着在Adobe Photoshop软件逐渐真正形成和推广开来的。本书介绍的操作软件After Effects就是一款基于层的合成软件，图层乃是其合成的最重要的概念，这一点，在Adobe的系列的其他软件中也有所体现。

After Effects软件遵循着自下而上，由支到干的模式。即，先计算底层图像，再逐层叠加；先计算底层效果，再计算上层的效果；先获得图层图像，再计算图层叠加的效果。在此计算过程中，我们传递并计算了合成项目的每一个像素的颜色信息，并且得到了最终的合成图像（图1-7）。

图层之间通过空间位置和叠加模式两种方式相互作用。

每一个图层都相当于三维空间中的一个物体，尤其是以RPF文件为代表的素材构成的图层，乃至摄像机、灯光等元素，可以说合成的大环境已经无限接近于真实的空间。

图1-7

图层的叠加模式是沿袭了传统的影视特效手段而衍生出来的功能，现在已经逐渐演变并且在颜色控制上发挥了较大的作用。有些特定的叠加模式在合成过程中应用极广。

部分图层实际上是作为信息层使用的，对于以透明通道为代表的多通道合成来说，这些信息图层极其重要。

我们今天还可以在其中看到当年电影特效制作的影子，最初的各个工具都是由现实中的制作手段演化而来的，随着计算机图形图像学的发展和版本的更新，更多无法通过现实手段实现的功能和工具逐次出现，使我们能够获得更强大的制作手段和更大的创作自由。

1.4.3　图层叠加的方式

将不同的图层合并在一起，最常规的做法就是采取图层叠加。

所谓图层叠加，就是将图层 A 本身的信息与图层 B 的信息通过不同的计算公式进行计算（这里的图层 B 也可以代指多个图层合成后的结果），从而获得新的画面效果的合成方式。

在所有的合成软件中，Adobe After Effects 拥有最多且最全面的叠加模式，我们下面就对此进行分析。

我们使用四张图像来进行对比，其中 d 图层网格部分是透明的（图 1-8）。

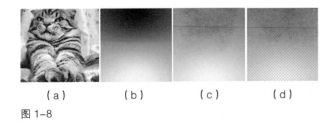

　（a）　　　　（b）　　　　（c）　　　　（d）

图 1-8

1.4.3.1　正常模式（Normal）

正常模式在"运算"或"应用图像"时完全不加混合地将源图层或通道复制到目标图层或通道，也就是用源文件完全替代目标。

正常模式是最正常的模式，但也是最常用的模式，我们经常通过遮罩以及通道滤镜等配合使用。

1.4.3.2　溶解模式（Dissolve）

溶解模式是把溶解的不透明度作为来自混合色的像素百分比，并按此比例把混合色放于基色之上（注：基色是做混合之前位于原处的色彩或图像；混合色是被溶解于基色或是图像之上的色彩或图像）。

使用这种模式，像素仿佛是整个地来自一幅图像或是另一幅，看不出有什么混合的迹象。如果你想在两幅图像之间达到看不出混合迹象的效果，而又能比使用溶解模式拥有更多的对图案的控制，那么可以在最上面图层上建一个图层蒙版并用纯白色填充它。

1.4.3.3　动态溶解（Dancing Dissossolve）

动态溶解模式与溶解模式相同，但它对融合区域进行了随机动画。

1.4.3.4　暗化模式（Darken）

暗化模式是混合两个图层像素的颜色时，对这二者的 RGB（即 RGB 通道中的颜色亮度值）分别进行比较，取二者中低的值再组合成为混合后的颜色，所以总的颜色灰度级降低，造成变暗的效果。如图所示，为 b 图通过暗化模式叠加到 a 图。显然用白色去合成图像时毫无效果（图1-9）。

1.4.3.5　正片叠底模式（Multiply）

正片叠底模式就像是将两幅透明的图像重叠夹在一起放在一张发光的桌子上。

任何原来每张图像上黑的部分在结果中为黑，任何在原来每张图像上白的或是被清除的部分会让你透过它看到另一幅图像上相同位置的部分。如图所示，为 b 图通过正片叠底模式叠加到 a 图，正片叠底模式是最佳的纹理效果添加方式，也可以用来控制暗色调的变化，通常与屏幕模式相对应（图 1-10）。

1.4.3.6　颜色加深模式（Color Burn）

颜色加深模式的叠加使层的亮度减低，色彩加深。如图所示，为 b 图通过颜色加深模式叠加到 a 图（图 1-11）。

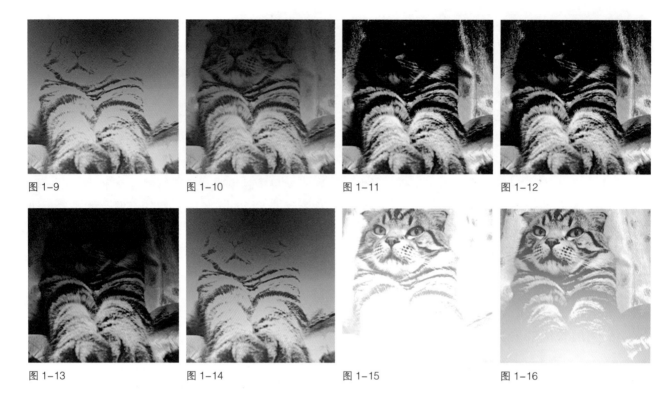

图 1-9　　　　　　　图 1-10　　　　　　　图 1-11　　　　　　　图 1-12

图 1-13　　　　　　　图 1-14　　　　　　　图 1-15　　　　　　　图 1-16

1.4.3.7　典型颜色加深模式（Classic Color Burn）

典型颜色加深模式兼容早期版本的颜色模式。如图所示，为 b 图通过典型颜色加深模式叠加到 a 图（图 1-12）。

1.4.3.8　线性加深模式（Linear Burn）

线性加深模式会查看每个通道的颜色信息，通过降低"亮度"使底色的颜色变暗来反映绘图色，和白色混合没有变化。如图所示，为 b 图通过线性加深模式叠加到 a 图（图 1-13）。

1.4.3.9　暗色模式（Darker Color）

暗色模式以层颜色为准，比层颜色亮的像素被替换，而比层颜色暗的像素不改变。如图所示，为 b 图通过暗色模式叠加到 a 图（图 1-14）。

1.4.3.10　添加（Add）

添加模式将底色与层颜色相加，得到更为明亮的颜色，层颜色为纯黑色或底色为纯白色时，均不发生变化。如图所示，为 b 图通过添加模式叠加到 a 图。添加模式通常用来获得更加亮丽的效果，也是制作倒影、反射等效果的首选（图 1-15）。

1.4.3.11　变亮模式（Lighten）

变亮模式查看每个通道的颜色信息，并按照

像素对比两个颜色，哪个更亮，便以这种颜色作为此像素最终的颜色，也就是取两个颜色中的亮色作为最终色。绘图色中亮于底色的颜色被保留，暗于底色的颜色被替换。如图所示，为 b 图通过变亮模式叠加到 a 图（图 1-16）。

1.4.3.12　屏幕模式（Screen）

屏幕模式是一个和正片叠底模式相反的操作过程。它所展现的效果是：在图像中白色的部分在结果中也是白色，在图像中黑色的部分在结果中显示出另一幅图像相同位置的部分。如图所示，为 b 图通过屏幕模式叠加到 a 图。在屏幕模式和正片叠底模式运算中的重点是——做屏幕模式的运算会加强两幅图中亮的部分；做正片叠底模式的运算则会加强两幅图中暗的部分（图 1-17）。

1.4.3.13　颜色减淡模式（Color Dodge）

颜色减淡模式查看每个通道的颜色信息，通过降低对比度使底色变亮来反映绘图色，和黑色混合没变化。如图所示，为 b 图通过颜色减淡模式叠加到 a 图（图 1-18）。

1.4.3.14　典型颜色减淡模式（Classic Color Dodge）

典型颜色减淡模式为兼容早期版本的颜色减

淡模式。如图所示，为 b 图通过典型颜色减淡模式叠加到 a 图（图 1-19）。

1.4.3.15　线性减淡模式（Linear Dodge）

线性减淡模式通过增加亮度来使得底层颜色变亮，以此获得混合颜色。与黑色混合没有任何效果。如图所示，为 b 图通过线性减淡模式叠加到 a 图（图 1-20）。

1.4.3.16　亮色模式（Lighter Color）

亮色模式会根据绘图色通过增加或降低对比度，加深或减淡颜色。如果绘图色比 50% 的灰亮，图像则通过降低对比度被照亮；如果绘图色比 50% 的灰暗，图像则通过增加对比度变暗。如图所示，为 b 图通过亮色模式叠加到 a 图（图 1-21）。

1.4.3.17　叠加模式（Overlay）

叠加模式相当于正片叠底模式（Multipy）和屏幕模式（Screen）的合并。其效果为原始图像中黑暗的区域被叠底而光亮的区域就被屏幕化，最亮的部分和阴影部分被一定程度地保存下来。如图所示，为 b 图通过叠加模式叠加到 a 图。叠加模式会增强色彩对比效果，但同时也会损失一定的色彩细节（图 1-22）。

1.4.3.18　柔光模式（Soft Light）

柔光模式将原始图像与混合图像进行混合，并依据混合图像决定原始图像变亮还是变暗，混合图像亮则更亮，暗则更暗。如图所示，为 b 图通过柔光模式叠加到 a 图。柔光模式效果逊于叠加模式，但色彩损失较少，是经常使用的颜色控制模式（图 1-23）。

1.4.3.19　强光模式（Hard Light）

强光模式的效果是从混合色彩、图案或图像中取得其亮度值。如图所示，为 b 图通过强光模式叠加到 a 图（图 1-24）。

1.4.3.20　线性光模式（Linear Light）

线性光模式根据绘图颜色通过增加或降低亮度，加深或减淡颜色。如果绘图色比 50% 的灰亮，图像则通过增加亮度被照亮；如果绘图色比 50% 的灰暗，图像则通过降低亮度变暗。如图所示，为 b 图通过线性光模式叠加到 a 图（图 1-25）。

1.4.3.21　艳光（Vivid Light）

艳光模式根据底色的加深或者减淡来增加或者减退层颜色对比度。如果底色比 50% 灰色亮，则层颜色降低，对比变亮；如果底色比 50% 灰色暗，

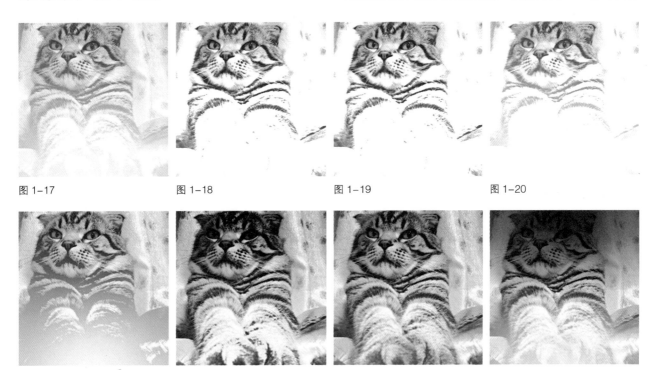

图 1-17　　　　　图 1-18　　　　　图 1-19　　　　　图 1-20

图 1-21　　　　　图 1-22　　　　　图 1-23　　　　　图 1-24

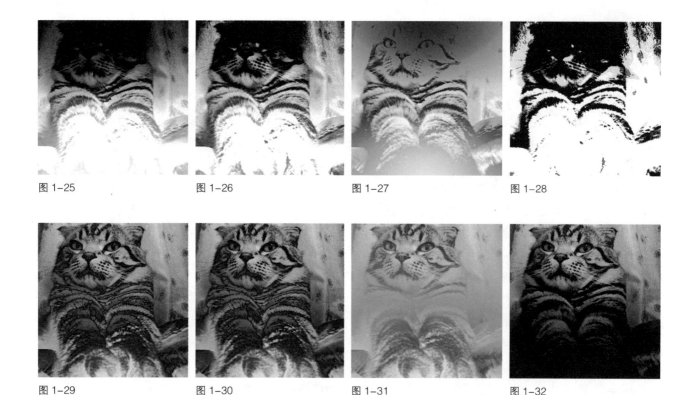

图 1-25　　　　　　图 1-26　　　　　　图 1-27　　　　　　图 1-28

图 1-29　　　　　　图 1-30　　　　　　图 1-31　　　　　　图 1-32

则层色提高，对比度变暗。如图所示，为 b 图通过艳光模式叠加到 a 图（图 1-26）。

1.4.3.22　固定光模式（Pin Light）

固定光模式根据绘图色替换颜色。如果绘图色比 50% 的灰要亮，绘图色被替换，比绘图色亮的像素不变化；如果绘图色比 50% 的灰要暗，比绘图色亮的像素被替换，比绘图色暗的像素不变化。固定光模式对图像增加特殊效果非常有用。如图所示，为 b 图通过固定光模式叠加到 a 图（图 1-27）。

1.4.3.23　强烈混合模式（Hard Mix）

强烈混合模式根据绘图颜色与底图颜色的颜色数值相加，当相加的颜色数值大于该颜色模式颜色数值的最大值，混合颜色为最大值；当相加的颜色数值小于该颜色模式颜色数值的最大值，混合颜色为 0；当相加的颜色数值等于该颜色模式颜色数值的最大值，混合颜色由底图颜色决定，底图颜色值比绘图颜色的颜色值大，则混合颜色为最大值，相反则为 0。实色混合能产生颜色较少、边缘较硬的图像效果。如图所示，为 b 图通过强烈混合模式叠加到 a 图（图 1-28）。

1.4.3.24　差值模式（Difference）

差值模式就是比较两个图像并给出一个蒙版，这个蒙版在两幅图像完全相同的区域为黑色，并随两幅图像相差越大，它越趋向于白色。如图所示，为 b 图通过差值模式叠加到 a 图（图 1-29）。

1.4.3.25　典型差值模式（Classic Difference）

典型差值模式为兼容早期版本的差值模式。如图所示，为 b 图通过典型差值模式叠加到 a 图（图 1-30）。

1.4.3.26　排除模式（Exclusion）

排除模式与差值模式，除了有强度上的差别外，非常相似（注意：一个用黑色所作的排除将不会改变任何原始图像）。如图所示，为 b 图通过排除模式叠加到 a 图（图 1-31）。

1.4.3.27　减法模式（Subtract）

减法模式使两个像素相减（取绝对值）。如图所示，为 b 图通过减法模式叠加到 a 图（图 1-32）。

1.4.3.28　除法模式（Divide）

除法模式使两个像素绝对值相除。如图所示，为 b 图通过加法模式叠加到 a 图（图 1-33）。

1.4.3.29　色相模式（Hue）

色相模式可以通过混合色彩、图案或是图像的色相作为原始图像的色相，来影响原始图像。如图所示，为 c 图通过色相模式叠加到 a 图（图 1-34）。

1.4.3.30　饱和度模式（Saturation）

饱和度模式可以通过混合色彩、图案或是图像的饱和度作为原始图像的饱和度，来影响原始图像。如图所示，为 c 图层通过饱和度模式叠加到 a 图（图 1-35）。

1.4.3.31　颜色模式（Color）

颜色模式用底色的亮度和层颜色的饱和度、色相创建结果颜色，可以保护图像中的灰色色阶。如图所示，为 c 图层通过颜色模式叠加到 a 图（图 1-36）。

1.4.3.32　亮度模式（Luminosity）

亮度模式用底色的色相、饱和度和层颜色亮度创建结果颜色，效果与颜色模式相反。该模式是除了正常模式以外，唯一能完全消除纹理背景干扰的模式。如图所示，为 c 图层通过亮度模式叠加到 a 图（图 1-37）。

1.4.3.33　模板 Alpha 模式（Stencil Alpha）

模板 Alpha 模式可以穿过模板层的 Alpha 通道显示多个层。如图所示，为 d 图通过模板 Alpha 模式叠加到 a 图（图 1-38）。

1.4.3.34　模板亮度模式（Stencil Luma）

模板亮度式可以穿过模板层的像素显示多个层。当使用此模式时，层中较暗的像素比较亮的像素更透明。如图所示，为 b 图通过模板亮度式叠加到 a 图（图 1-39）。

1.4.3.35　轮廓 Alpha 模式（Silhouette Alpha）

轮廓 Alpha 模式可以通过 Alpha 通道在几个图层切出一个洞。如图所示，为 d 图通过轮廓 Alpha 模式叠加到 a 图（图 1-40）。

1.4.3.36　轮廓亮度模式（Silhouette Luma）

轮廓亮度模式可以通过层上像素的亮度在几层间切出一个洞，使用此模式，层中较亮的像素比较暗的像素透明。如图所示，为 b 图通过轮廓亮度模式叠加到 a 图（图 1-41）。

图 1-33

图 1-34

图 1-35

图 1-36

图 1-37

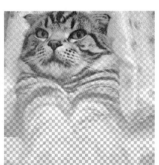
图 1-38

图 1-39

图 1-40

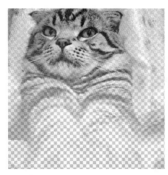

图 1-41

图 1-42

图 1-43

图 1-44 空间合成

1.4.3.37　添加 Alpha 模式（Alpha Add）

添加 Alpha 模式将底层与目标层的 Alpha 通道共建立一个无痕迹的透明区域。如图所示，为 d 图通过添加 Alpha 模式叠加到 d 图（图 1-42）。

1.4.3.38　冷光预乘模式（Luminescent Premul）

冷光预乘模式可以将层的透明区域像素和底层作用，赋予 Alpha 通道边缘透镜和光亮的效果。如图所示，为 d 图通过冷光预乘模式叠加到 a 图（图 1-43）。

图层本身只是帮助我们构建了一个个平面的片，也是我们最传统的动画控制方式，但是我们想要更自由地操作这些图层，就需要引入空间的概念。

1.4.4　空间的运用

计算机特效在研发之初就是参考的早期的实物拍摄技巧，同样的道理，计算机特效技术最终的走向必然是模拟真实，将对使用者的技术要求降到最低，甚至使用者需要的仅仅是想象力。另一方面，只要操作，就需要各种工具，我们仍然需要掌握手中的武器使得这个虚拟的世界能够以最快的速度反映创作者的意图。

合成这一环节在经历了一段时间的平面叠加过程之后，最终还是走向了空间合成。

在空间中合成，即合成的各个元素可以在一个三维的空间中进行变化，这些变化会最大限度地趋近于真实，或者是通过能够真实体验到的参数来进行控制（图 1-44）。

这个空间中可以添加摄像机、灯光等物体，

通过摄像机拍摄来获得图像，通过灯光来控制明暗关系，就像在摆布一个真实的空间，而且在这个空间中，我们更加自由。

图层本身在这里也发生了一些变化，不再仅仅局限于一个平面的片，而是可以以一个空间的物体呈现出来。例如 Rpf 文件即可携带景深信息，图层的不同的点是有远近之分的。而且多个携带景深信息的素材可以按照其空间位置自动进行遮挡，极大地简便了合成的步骤，也带来了更多的合成手段（图 1-45）。

在空间合成时，需要注意虚拟与真实的差异：我们仅仅是在计算机内模拟出了一个空间，而没有必要将所有的元素还原成真实的状态（三维软件倒总是如此处理）。举个简单的例子，我们有夜空和月亮的图片，但绝不会将夜空的图片放大到几光年之外的位置，或者把月亮放在 30 万公里之外。所以说我们的空间是虚拟的真实。

从另一个角度来看，我们的空间是真实的虚拟，也就是说我们要尽可能地还原真实拍摄的效果。摄像机平移时，近处的长椅和远处的楼房乃至更远的白云，他们的位移变化是绝不相同的。长焦镜头拍摄的画面和广角镜头拍摄的画面也有很大的区别，我们在模拟这些效果时需要实时注

图 1-45 素材的景深信息

意各个元素在摄像机前所应有的变化方式。

1.4.5　嵌套的运用

在合成过程中，我们不一定在一个空间或者项目中制作所有的元素，而是通过多个项目来完成；另一方面，我们又不希望将这些元素一个个输出再进行整合，这样既耗费时间又给修改带来了不便，我们需要把一个合成项目直接引用到另外一个合成项目中，这时我们需要了解嵌套的运用。

严格来说，嵌套即是将组合 A 看做一个整体，直接被应用到另一个组合 B 中，作为合成的一个元素出现，而在合成过程中，对 A 的修改会实时地反应到 B 的合成效果中。我们可以观察一下嵌套之后的流程图（图 1-46）。

嵌套看似将我们的合成复杂化了，其实不然，嵌套实际上让我们的合成更加有条理，我们可以在开始合成之前先对合成中的各个元素进行分析，先制作出一个个的组合，再进行最终的合成。也可以在制作时及时打包，将各个元素的制作看做一个个的合成分支，这也是最常用的方式。

在进行嵌套时，需要注意以下几点：

嵌套应该注意逻辑关系，A 嵌入 B 则 B 不能嵌入 A。这在操作上是不允许的，而在构思时犯了这样的错误，也会对合成带来不利的影响。

嵌套进来的组合是作为图层出现的，即作为

一个平面出现，那么原组合的图层的叠加模式不再影响到新的组合，整个嵌套进来的组合是作为一个图层进行整体的叠加模式选择的。

嵌套进来的组合需要注意与新的三维空间的关系，我们可以选择将其视为一个平面，也可以选择将其视为一个小的空间，不同的选择对于合成来说，是有很大的影响的。

1.4.6　时间因素的运用

最后，在我们构建好画面之后，还有最后一项需要注意，那就是动画本身，即时间因素。

在合成环节中时间的运用主要体现在两个问题上：帧速率和节奏。

1.4.6.1　帧速率

作为描述数字视频的主要参数，帧速率是由数字视频本身携带的参数，不过在合成软件中，数字视频被还原成了位图序列，帧速率也就变成了可控的参数。根据来源不同，可以分成：Flash 制作的、拍摄的、手绘的；中国的、日本的；电视、电影等，需要选择不同的帧速率来还原其本来面目。

这其中，最容易混淆的就是 PAL 制和 NTSC 制素材，毕竟 25 帧／秒和 30 帧／秒对人眼来说差异不大，如果没有我们很熟悉的对象，如演员说话等，就很难发现问题。当然，从另一个角度来说，如果没有太影响视觉效果的元素，也完全可以不考

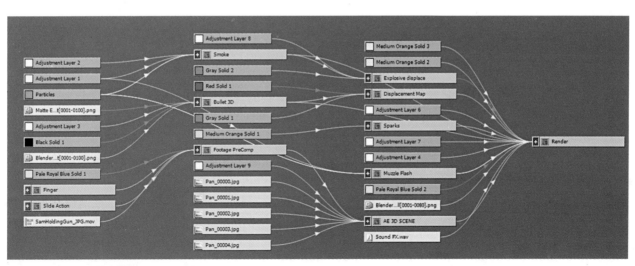

图 1-46　嵌套之后的流程图

虑帧速率的问题。而且我们经常还需要根据镜头的节奏进行变速（这一部分也可能在剪辑环节完成），这时就需要把一切交给个人的感觉了。

伴随着帧速率，还有一个概念需要我们注意，就是运动模糊。

运动模糊是一个很容易被忽略，而且肉眼发觉之后也很难进行判断的参数。有很多动画由于其素材来源主要是计算机软件制作，而没有考虑运动模糊的因素，我们在观看时会感到少许的不和谐。非专业人士无法判断这种不和谐来自哪里，而动画师在看过较多的视频之后，能够及时地辨别出来。

运动模糊的产生有两个来源，首先是人眼的视觉残留功能，在生活中，这一现象随处可见。我们可以试着拿着手在眼前快速掠过，就可以看到手的重影。另一个则是摄像机的快门，光在传播到胶片上时，无论多么短，必然是一个时间段，因此运动的物体就留下了运动的轨迹。同时由于运动的物体在胶片的不同位置感光时间不充分，就会留下半透明的拖尾（图1-47）。

在动画制作过程中，素材的绝大部分来源于软件制作，无法自然生成运动模糊，如果通过制作软件进行模拟，则需要耗费相当多的计算资源，而在合成中，简单的运动模糊是很容易制作的。因此，在合成制作中，运动模糊不但是必然会出现的效果，更是必须出现的效果。

当然也并非全然如此简单，我们可以观察排风扇或者汽车车轮，它们在运动时所造成的运动模糊在慢速时并不是连成一片。25帧/秒和30帧/秒拍摄的画面运动模糊必然也不相同。圆周运动和平移也会产生不同的效果。当然这些都属于精益求精的范畴，我们在完成了主体的合成工作之后，可以再返回头来精雕细琢。

1.4.6.2　节奏控制

动画的节奏是在合成和剪辑两个环节中共同完成的，而合成环节主要是控制画面中各个元素的运动的节奏，剪辑则是控制镜头语言即动画整体的节奏。

合成环节的节奏控制相对简单，主要体现在

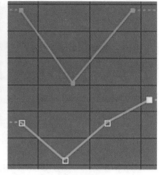

图 1-47

图 1-48　Time Remap 变速效果　图 1-49　关键帧曲线

两个方面：

1. 对于素材本身的速度的控制。我们可以通过软件的变速等功能，对一些视频素材进行变速，调节其播放速度，使其符合画面需求（图1-48）。

2. 对于画面元素在合成的空间中的运动的控制。合成画面的绝大部分因素都是运动的，并且根据其位置、时机等因素而表现出不同的效果（图1-49）。

节奏控制在操作上相对简单，而在实际制作中就不容易了，我们需要反复预览动画效果，反复修改，才能达到预期的目的。

小结：

本章需要重点掌握颜色的相关概念，掌握描述图像以及数字视频的主要参数以及了解数字图像和数字视频的编码类型，初步认识通道的概念，尤其是多通道的概念。最后，对合成基本思路和理念有一个初步的认识。

实时训练题：

1. 观察下载的电影与电视节目的视频，对比它们的大小及高宽。

2. 用红色、蓝色、绿色的手电筒照在白色的墙上，环境尽量黑且不能有其他颜色光的影响，使三种颜色两两相交，观察分别得到什么颜色，三种灯光合到一起得到什么颜色。

第 2 章　Adobe After Effects 介绍

本章主要是介绍一下业内主要的几个后期解决方案提供商，并且重点讲解业内主流的合成软件和 Adobe After Effects 的基本界面和布局，方便初学者熟悉软件，了解其基本应用模式。最后简单介绍 After Effects 软件的操作方式。

2.1　常见后期解决方案介绍

在学习具体如何进行动画合成之前，不妨先了解一下可以选择的工具。

随着计算机图形图像技术的发展，各个公司之间的技术壁垒逐渐打破，几乎每个视频技术公司的技术突破都会及时扩散到整个行业。当然，随着影视特效行业（动漫可以说是其中的分支或外延）的发展，逐渐整合形成了 Adobe、Autodesk、AVID、Apple 四大公司为主体、大量专业公司并存的局面。

目前市场上有多种数字合成软件，软件可以分为面向流程的合成软件和面向层的合成模式。面向流程的合成软件把合成画面所需要的一个个步骤作为单元（或称之为节点），每一个步骤都接受一个或几个输入画面，对这些画面进行处理，并产生一个输出画面。通过把若干个步骤连接起来，形成一个流程，从而使原始素材经过种种处理，最终得到合成结果，如 Nuke、Digital Fusion、Toxik 等软件都属于这类。面向层的软件把合成软件划分为若干层次，每个层次一般对应一段原始素材。通过对每一层进行操作，如增加滤镜、扣像、调整等，使每一层画面满足合成的需要，最后把所有层次按一定的顺序叠合起来，就可以得到最终的合成画面。如 After Effects、Combustion 等。

当然对于绝大部分软件来说，都在一定程度上涵盖了这两种模式，只是侧重不同。这只是笼统的划分。

这两种模式，前者更擅长制作精细的特技镜头，后者则具有较高的制作效率，可谓各有所长。前者由于流程的设计不受层的局限，因此可以设计出任意复杂的流程，有利于对画面进行非常精细的调整，比较适合于电影类的合成效果；后者则比较直观，易于上手，制作速度快。

2.1.1　Adobe

Adobe 公司可以称得上是业内最全面的后期解决方案供应者。从平面图像处理的 Photoshop、Illustrator 到动画制作的 Flash，从合成的 After Effects 到剪辑的 Premiere，以及音频处理软件 Audition、Soundbooth 等，在后期的各个环节均有其相应的技术实力。

Adobe 公司的系列软件，在保证功能性的同时，在界面布局和操作上拥有极大的相似性，同时支持多个软件的协同合作，可以说仅仅使用 Adobe 的后期解决方案即可以建立完备且高效的工作流程。

2.1.2　Autodesk

Autodesk 公司可以说是业内最强大的三维动画解决方案提供商和高端后期解决方案提供商。该公司的发展是一个技术开发和兼并并行的模式。其旗下的子公司 Discreet 和三维软件 Maya、Softimage 均系收购获得。现在该公司已经取得了三维动画制作软件中的统治地位，并且延伸出了相应的合成软件（Toxik 等）。而 Discreet 公司的

Flame、Smoke、Lustre 等高端后期软件则是几乎所有的影视工作室所必备的组成部分。

现在，Autodesk 公司在影视特效，尤其是在三维动画制作领域拥有极大的统治力和话语权。其新技术的突破往往代表着整个制作流程的变化。

2.1.3　AVID

AVID 公司是目前业内在视频解决方案领域最具影响力的公司，其范围涵盖了包括电影、电视、新闻、广告等几乎所有的视频媒体范围。相比其他公司，AVID 公司在业务上更加的纯粹和专注，几乎仅限于视频的采集、编辑、输出等环节，但其在技术上和理念上均处于相对领先的地位，也获得了广大业内人士的支持和拥护。

2.1.4　The Foundry

The Foundry 公司成立于 1996 年，如今是业内成长最快的公司，以产品设计和合作开放式的开发渠道闻名业内。

The Foundry 公司有一批优秀的二维和三维视觉特效（VFX）软件，比如 NUKE、Modo、Mari 等。这个快速增长的全球性公司现在拥有 200 多个员工，分散在伦敦、美国加利福尼亚州山景城和洛杉矶分部。

The Foundry 有着稳定的客户群，这些客户中有世界领先的视觉特效设备的使用者，比如 The Mill、ILM、The Moving Picture Company、Walt Disney Animation、Weta Digital、Framestore、Sony Pictures Imageworks 以及 Digital Domain 等。

2.2　Adobe After Effects 界面介绍

接下来我们着重介绍一下 Adobe After Effects 的主要界面以及各种控制面板，使大家对其有一个基本的了解。本书将在接下来的章节中详细介绍软件在特效合成中的种种应用。

2.2.1　界面的基本构成

首先双击桌面上的软件图标，或者通过启动程序开启软件。

第一次进入 After Effects 会出现欢迎界面（图 2-1）。在此我们可以打开以前建立的工程文件，或者新建合成项目，对于已经熟悉该软件的使用者，可以考虑关闭该界面，直接进入软件。

点击 New Composition，创建名称为 Act 1 的合成项目（图 2-2）。

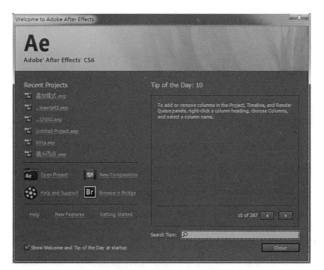

图 2-1

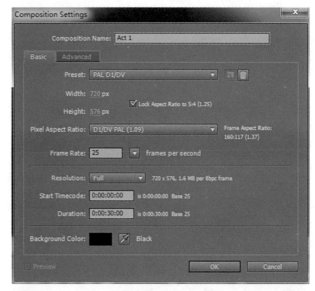

图 2-2

首先，左上方显示了软件名称和工程文件名称，目前默认为 Untitled　Project，通过保存操作可以将工程文件正式命名和保存。下面我们来分别介绍一下软件的 5 个主要界面及其基本作用。

2.2.1.1　菜单栏

菜单栏是软件的操作命令的集合，绝大部分指令性操作均可以在这里找到（图 2-3）。本书将在后面的章节中，针对各个不同的功能分别介绍对应的菜单栏的命令。特效师对软件熟悉之后，菜单栏是极少使用到的部分，很多操作，尤其是常用的操作都可以通过快捷键或者右键快捷菜单来完成。

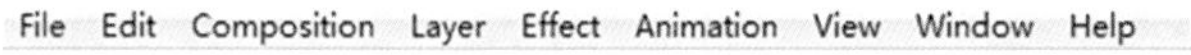

File　Edit　Composition　Layer　Effect　Animation　View　Window　Help

图 2-3

2.2.1.2　工具栏

工具栏的特点是针对合成窗口使用，并且大部分应用工具栏的操作属于非指令性操作，需要使用者手动控制（图 2-4）。

图 2-4

在 After　Effects 软件中，工具栏中的工具承担了合成操作时的大部分工作。在工具栏中可以按照工具的功能及用途分为基本工具、视图工具、形状工具和绘图工具。

1. 基本工具组

在工具栏中，基本工具组主要包括选择工具、抓手工具、缩放工具。

（1）选择工具

单击选择工具按钮可以在合成窗口中选择、移动及调整图层和素材等，快捷键 V 键。

选择工具每次只能选择一个层进行编辑，可以配合 Shift 键单击其他层，进行加选操作。可以配合键盘快捷键 V 切换至选择工具。

（2）抓手工具

基本工具组中的抓手工具按钮的使用方法与 Photoshop 相同，可以在合成项目的视图面板中整体移动画面的预览范围，而不是移动素材，只是移动用户的观察位置，快捷键 H 键，可以使用空格键临时实现该工具的效果。

（3）缩放工具

工具栏中的缩放工具按钮可以放大或缩小预览窗口中画面的显示尺寸，快捷键 Z 键。

系统默认状态下的缩放工具的中心会出现"+"形状，使用鼠标左键在预览窗口单击后会放大画面，每单击一次的放大比例为 100%。

在需要缩小画面时，可以选择缩放工具后配合按住 Alt 键，这时，缩放工具的中心会出现"−"形状，使用鼠标左键在预览窗口单击则会缩小画面。

2. 视图工具组

在工具栏中，视图工具组主要包括旋转工具、摄像机工具和锚点工具。

（1）旋转工具

工具栏中的旋转工具按钮可以在合成项目的预览窗口对素材进行旋转操作，快捷键 W 键。

选择旋转工具时，工具栏右侧会出现旋转工具的工具属性选项（图 2-5）。这两项工具属性可以控制合成项目中开启三维层模式的图层按哪种方式进行旋转操作。

选择 Orientation（方向属性）时旋转工具只允许对 x、y 和 z 轴中的一个轴项做旋转操作。选择 Rotation（旋转属性）时旋转工具允许对 x、y 和 z 轴中的各个轴项做旋转操作。

（2）摄像机工具

摄像机工具只有在时间线面板中存在摄像机层时才被激活，快捷键 C 键。

使用鼠标单击摄像机工具按钮不放，系统会弹出下拉菜单，在菜单中共有 4 个工具，分别是摄像机综合工具以及旋转、移动和缩放摄像机视图的工具（图 2-6）。

Unified　Camera　Tool（综合摄像机工具）可

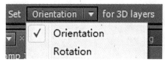

图 2-5

图 2-6

以实现通过鼠标左键控制摄像机旋转，中键控制摄像机移动，右键控制缩放摄像机视图的功能。Orbit Camera Tool（旋转摄像机工具）可以旋转摄像机视图，使用 Orbit Camera 工具可以向任意方向旋转摄像机视图，调整到指定位置。Track XY Camera Tool（移动摄像机工具）可以水平或垂直移动摄像机视图。Track Z Camera Tool（缩放摄像机工具）可以缩放摄像机视图，Track Z Camera 工具并不是改变摄像机本身大小，而是对整体屏幕画面的控制。

（3）锚点工具

工具栏中的锚点工具可以改变图层中心的位置，更改中心点后图层将按照更改后的中心点进行旋转、移动及缩放等操作，快捷键 Y 键。

3. 形状工具组

工具栏中的形状工具组包括基本几何形状工具、钢笔工具和文字工具。

（1）基本几何形状工具

基本几何形状工具可以绘制 5 种基本的几何形状，这些几何形状既可以作为图案，也可以作为蒙版出现，快捷键 Q 键。

使用鼠标单击基本几何形状工具按钮不放，系统会弹出下拉菜单，在菜单中共有 5 个工具，分别是矩形工具、圆角矩形工具、椭圆形工具、多边形工具和星形工具（图 2-7）。

选择形状工具后，在工具栏面板右侧会出现创建形状或蒙版的选择按钮，左侧的星形按钮表示可以创建形状，右侧的按钮表示创建蒙版，在没有选择任何图层时，创建的是形状图层，而不是蒙版。

如果在时间线面板中选择图层或固态层，那么使用形状工具只允许创建蒙版。

（2）钢笔工具

使用钢笔工具可以在合成项目的预览窗口中或图层上绘制各种自定义的路径，快捷键 G 键。

使用鼠标单击钢笔工具按钮不放，系统会弹出下拉菜单，在菜单中共有 4 个工具，分别是钢笔工具、添加控制点工具、删除控制点工具、调整控制点工具（图 2-8）。

在工具栏面板中选择钢笔工具，然后在预览窗口中单击鼠标左键，以绘制第一个顶点，拖拽鼠标可以改变顶点的控制贝兹手柄的长度和方向，确定操作后再释放鼠标左键即可，准备绘制下一个顶点。

使用同样的方式，绘制其他顶点，绘制时注意控制顶点的贝兹手柄的长度和方向，使绘制的路径平滑圆润。

绘制封闭的曲线，可以将鼠标移动到曲线的第一个顶点位置，当鼠标光标出现封闭提示时，单击鼠标左键即可完成曲线路径的绘制操作。

（3）文字工具

文字工具可以为项目添加文字，快捷键 Ctrl+T 组合键。

使用鼠标单击文字工具按钮不放，系统会弹出下拉菜单，在菜单中共有 2 个工具，分别是横版文字工具、纵版文字工具（图 2-9）。

工具栏面板中选择横排文字工具或竖排文字工具，然后在合成窗口中单击鼠标左键，进行输入文字操作，单击鼠标后，时间线面板中会自动出现一个 Text（文本）层，完成文字输入后，单击 Enter 键即可完成文字输入操作。

创建文字并需要进行修改时，可以在 After

图 2-7

图 2-8

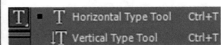

图 2-9

Effects 软件右侧的 Character(字符)和 Paragraph(段落面板)中进行编辑。

4. 绘图工具组

工具栏中的绘图工具组包括画笔工具、克隆图章工具、橡皮工具、旋转笔刷工具和木偶角色动画工具。

绘图工具组中的工具在使用前，需要在 Paint (绘画)面板和 Brush Tips (笔刷)面板中对绘画工具进行设置。

(1) 画笔工具

使用画笔工具可以在图层上绘制图像，快捷键 Ctrl+B 组合键。绘制图像时，首先在时间线面板中双击需要绘制图像的层，打开当前层预览窗口。

在工具栏中选择 Brush Tool (画笔)工具并在 Paint (绘画)面板和 Brush Tips (笔刷)面板中设置笔刷样式及笔刷参数，然后在层预览窗口可进行绘图操作。

(2) 克隆图章工具

After Effects 软件中的克隆图章工具与 Photoshop 中的图章工具的功能相同，可以复制需要的图像并将其填充到其他部分，生成相同的图像内容，快捷键 Ctrl+B 组合键。

克隆图章工具并不能单独使用，需要配合 Paint (绘画)面板和 Brush Tips (笔刷)面板一起使用。使用克隆图章工具时，首先在时间线面板中双击需要克隆绘制的图像层，打开当前预览窗口。

在工具栏中选择克隆图章工具并在 Paint (绘画)面板和 Brush Tips (笔刷)面板设置笔刷样式及笔刷参数，在 Layer (层)预览窗口按 Alt 键就可以设置采样点位置，采样后将鼠标移动至需要生成相同图像的位置，单击鼠标左键完成克隆操作。

(3) 橡皮工具

使用橡皮工具可以擦除图像，快捷键 Ctrl+B 组合键。可以通过设置笔刷尺寸，增大或缩小区域等属性参数来控制擦出区域的大小。

(4) 旋转笔刷工具

类似于 Photoshop 的魔术棒工具，可以通过颜色选取范围作为蒙版，并进行自动跟踪，快捷键 Alt+W 键。按 Alt 键增加可视范围，该工具在合成领域将发挥极大作用。

(5) 木偶角色动画工具

使用木偶角色动画工具可以为任何层添加生动的拟人动画，快捷键 Ctrl+P 键。使用鼠标单击木偶角色动画工具按钮不放，系统会弹出下拉菜单，在菜单中共有 3 个工具，分别是木偶角色动画工具、木偶交叠文字工具、木偶固定工具(图 2-10)。

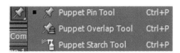

图 2-10

通过木偶角色动画工具可以定义角色的骨骼关节，进行角色各部分的动画牵引并通过移动大头针来创建关键帧，实现各种动画过程。

2.2.1.3　Project (项目)窗口

Project (项目)窗口主要是对于合成项目的各个元素进行管理，越复杂的项目越需要规范项目窗口的内容。

1.Project 窗口本身的功能

首先，我们要了解的是 Project 窗口的属性，通常来说，Project 窗口的属性在设置好之后，就算是一劳永逸，我们在这里简单地阐述一下。

点击 Project 窗口的选项下拉菜单按钮，弹出下拉菜单(图 2-11)。下拉菜单的第一栏为几乎所有的窗口／面板均有的几个操作命令，第二栏为 Project 的参数设置。

Undock Panel (浮动窗口)命令使窗口成为

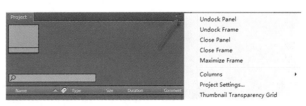

图 2-11

浮动窗口。Undock Frame（浮动面板）命令使面板成为浮动面板。Close Panel（关闭窗口）命令可以关闭窗口。Close Frame（关闭面板）命令可以关闭面板。Maximize Frame（面板最大化）可以将当前的面板最大化，快捷键~键。

注意，有些面板是组合在一起共同占有界面的一个部分，也就是窗口的，所以窗口和面板是两个相似但不同的概念。

Columns 栏命令可以选择 Project 显示的信息类型：Name、Label、Type、Size、Duration、Comment、File Path、Date。我们可以根据需要选择其显示或隐藏。

点击 Project Settings 命令，会弹出 Project Settings 窗口，设置项目的 Display Style（显示类型）、Color Settings（颜色设置）、Audio Settings（音频设置）三部分属性（图 2-12）。

Display Style 设置的时间显示模式：Timecode 为时间码，根据不同的帧速率，显示为小时：分

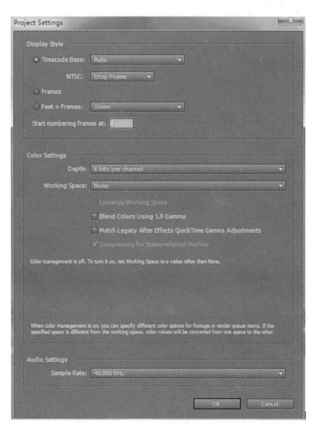

图 2-12

钟：秒：帧，这一模式比较符合一般的认知习惯，也可以比较好地和剪辑师进行配合。Frames 为帧数，即抛开其他参数，只显示帧数，这对于动画制作来说是比较常见的，尤其是和前期的制作相结合。Feet+Frames 为胶片长度 + 帧数，对于动画电影来说，有很高的参考价值。

Color Settings 则为选择色彩深度和颜色空间等参数，电视动画和电影动画还是有很大区别的，需要在此处加以选择。

Audio Settings 则为音频选项，对于动画合成来说，音频多为辅助性的部分，真正的音频制作需要专门的软件并且在剪辑环节与画面相结合。

Thumbnail Transparency Grid 命令可以使缩略图透明部分显示为棋盘格。方便观察一些自带有透明通道的素材（图 2-13）。

图 2-13

2. 菜单栏中的 Project 窗口相关命令

在 File 菜单命令中，还有一些对于 Project 窗口有用的指令（图 2-14）。

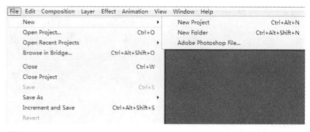

图 2-14

New Project 命令可以建立新的文件，快捷键 Ctrl+Alt+N 组合键。

Open Project 命令可以打开一个计算机磁盘中已有的工程文件，快捷键 Ctrl+O 组合键。

Open Recent Project 命令可以打开以往 After Effects 中编辑过的工程文件，默认为时间上最近的 10 个。

Browse In Bridge 命令可以打开 Adobe Bridge 软件，预览计算机中的素材或文件。也可以通过该软件将素材添加到 Project 中，快捷键 Ctrl+Alt+Shift+O 组合键。

Browse Template Project 命令可以浏览模板项目，即查看扩展名为 .aet 的预置模板文件，这些模板可以在一等程度上缩短我们的制作时间。

Close 命令可以关闭当前窗口，不仅仅是 Project 窗口，快捷键 Ctrl+W 组合键。

Close Project 命令可以关闭当前任务，但不关闭软件。

Save 命令可以保存当前任务，快捷键 Ctrl+S 组合键。

Save As 命令可以将当前的任务另存为另一个工程文件，或者 XML 表等，转存工程文件的快捷键为 Ctrl+Shift+S 组合键。

Increment and Save 命令可以将当前编辑的工程文件后面添加数字或者在以后的数字增加 1 进行保存，以便在任务的各个阶段保留制作结果备份，快捷键 Ctrl+Alt+Shift+S 组合键。

Revert 命令可以恢复到上次保存的工程文件的状态，在执行命令之前，软件会提醒用户该操作的破坏性（图 2-15）。

图 2-15

2.2.1.4　视图面板

视图面板用于显示素材以及处理后的合成效果，默认情况下只有 Composition 窗口，可以使用工具栏和其他相关指令对画面进行控制（图 2-16）。

图 2-16

1. 视图面板的基本功能

视图面板是一个非常灵活并自由的控制区域，在这里，可以控制合成项目中当前可以看到的元素，通过视图菜单的指令以及工具区的工具进行相对复杂的操作。在选择不同的对象的时候，也可以右键选择相应的指令，这些命令我们之前大部分都介绍过了。

视图区主要有三个显示对象：Composite、Layer、Footage（图 2-17）。

（1）Composite 窗口

Composite 窗口的下方有一排按钮可以直接对窗口的显示进行控制。

鼠标左键单机选择可以锁定预览当前窗口。

100% 可以控制画面显示大小，通过下拉菜单可以选择不同的比例，也可以通过鼠标滚轮进行控制。

可以用来显示辅助线（图 2-18）。其中 Title/Action Safe 选项可以打开安全窗口，在进行电视相关的项目制作时，需要及时打开。

显示蒙版／形状的轮廓及辅助勾柄。

显示当前时间。

拍摄及显示快照，多用于颜色控制。

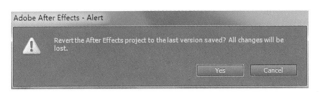

图 2-17

图 2-18

图 2-19

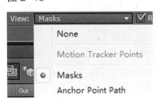

图 2-21

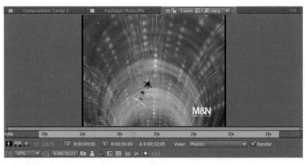

图 2-20

图 2-22

可以选择显示的通道。

(Full) 可以选择显示质量。在机器性能不佳的情况下，可以选择较低的质量进行合成操作，但仍然需要在全质量下进行最终效果的预览。

可以进行部分区域显示。

控制透明区域是否显示为棋盘格。

Active Camera 可以控制视角选择（图 2-19），尤其是在进行三维空间的合成时，可以选择 Top（顶视角）、Left（左视角）等辅助合成操作。如果项目中有多个摄像机也可以选择其他的摄像机视角。

1 View 控制视图分块显示。

可以控制正确显示变形像素。

可以快速预览选择。

在时间线上显示当前的选择。

显示流程图。

曝光调节。

（2）Layer 窗口

Layer 窗口的下方除了与 Composition 窗口相同的按钮外，也有一组控制按钮，可以控制该窗口的绝大部分属性（图 2-20）。

透明通道显示模式。

0:00:04:05　0:00:36:09　Δ0:00:32:05 入点、出点及持续时间。

View: Masks 选择查看对象，可以查看图层的特效作用过程（图 2-21）。

（3）Footage 窗口

Footage 窗口的控制按钮基本与 Composition 窗口相同，但是略少（图 2-22）。

2. 主菜单中视图窗口的相关指令

View（视图）菜单中的命令可以设置视图窗口的属性的操作。

View 菜单中的命令可以大致分为显示组、控制组。

（1）显示组

视图菜单中的显示组提供了 New Viewer（新视图）、Zoom In（放大）、Zoom Out（缩小）、Resolution（分辨率）、Use Display Color Management（使用显示颜色管理）、Simulate Output（模拟输出）、Show Rulers（显示标尺）、Show Guides（显示辅助线）、Snap to Guides（吸附到辅助线）、Lock Guides（锁定辅助线）、Clear Guides（清除辅助线）、Show Grid（显示网格）、Snap to Grid（吸附到网格）等功能。

New Viewer 命令可以为合成项目中的预览窗口创建一个新的视图。

Zoom In 命令可以将当前合成项目中的视图放大显示。

Zoom Out 命令可以将当前合成项目中的视图缩小显示。

Resolution 可以设置 After Effects 合成项目中当前视图显示的分辨率。

Use Display Color Management 命令可以使用之前设置的颜色管理模式进行显示。

Simulate Output 命令可以进行模拟输出。

Show Rulers 命令可以在合成项目中的视图窗口中显示标尺，方便设置画面的位置。

Show Guides 命令可以将视图中的辅助线显示出来，一般在设置辅助线时应该参考信息面板中的信息来进行。

Snap to Guides 命令将选择的物体吸附至辅助线。

Lock Guides 命令可以将视图中的参考进行锁定。

Clear Guides 命令可以清除辅助线。

Show Grid 命令可以显示网格。

Snap to Grid 命令，当移动图层位置时，网格范围内的系统会自动吸附，便于对齐图层和网格。

View Options
Layer Controls
Handles
Keyframes
Masks
Motion Paths
Effect Controls
Motion Path Tangents
Camera Wireframes:
When Selected
Spotlight Wireframes:
When Selected
View
Pixel Aspect Ratio Correction
OK
Cancel

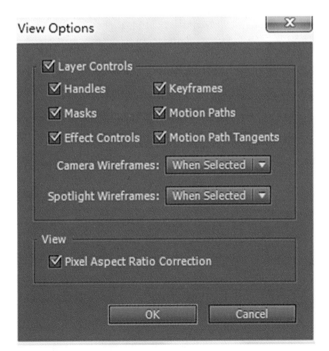

图 2-23

（2）控制组

视图菜单中的控制组提供了 View Options（视图选项）、Reset 3D View（重置三维视图）、Look at All Layers（注视所有图层）和 Go to Time（到指定时间）等功能。

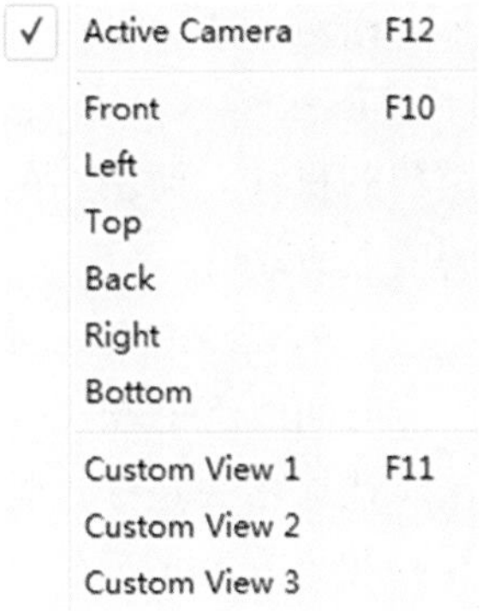

Active Camera F12
Front F10
Left
Top
Back
Right
Bottom
Custom View 1 F11
Custom View 2
Custom View 3

图 2-24

View Options 命令可以打开视图选项对话框，设置视图中可以显示的元素（图 2-23）。

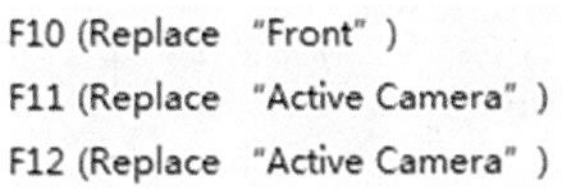

F10 (Replace "Front")
F11 (Replace "Active Camera")
F12 (Replace "Active Camera")

图 2-25

Show Layer Controls 命令可以显示合成项目中图层的 Mask（蒙版）边缘效果。

Reset 3D View 命令可以对三维视图进行重置。

Switch 3D View 命令可以将当前的三维视图切换到另一个三维视图（图 2-24）。

Assign Shortcut to 命令可以给当前视角制定一个快捷键（仅限于 F10、F11、F12，图 2-25）。

Switch to Last 3D View 命令可以将当前的三维视图切换到上一个使用的三维视图。

Look at Selected Layers 命令可以让选中的图层面向摄像机显示。

Look at All Layers 命令可以让所有图层都面向摄像机显示。

Go to Time 命令可以使当前时间指示滑块移动到一个指定的时间处。

2.2.1.5　Timeline（时间线）面板

Timeline（时间线）面板用于控制合成的各个元素在时间上的排布，同时也是对各元素加以控制、操作以及整合的主要控制区域（图 2-26）。

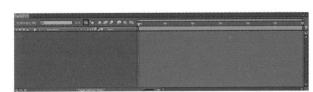

图 2-26

相对来说，Timeline 与图层是相辅相成的，除了 Render Queue 之外，Timeline 主要是针对图层的操作，而图层的指令有绝大部分是针对时间线上的效果。

1. 控制 Timeline 面板

时间线上的图层，也可以在图层位置右键单击，选择相关指令进行控制。这一部分指令也已经存在于 Layer 菜单栏之中，我们会在下一小节中讨论。

通过 Timeline 窗口自带的按钮也可以完成部分功能，也可以展开图层控制其相关的效果的参数。

当将素材从项目面板中拖拽至时间线面板中并确定位置后，位于时间线面板中的素材会以多个层的状态存在，各个层都拥有自身的时间控制和属性参数，而层的效果、运动及样式控制都可以在时间线面板中完成。

在 After Effects 软件中，层的显示与 Photoshop 完全相同，位于最上面的图层会对下面层产生遮挡；层的使用方法也与 Photoshop 的操作方法相同，将层逐个罗列在时间线面板中，然后通过对属性参数的调整，制作丰富的视觉效果。

（1）合成名称

项目名称标签可以显示当前合成项目的名称（图 2-27）。在创建合成项目时，可以为其设置项目名称，项目名称的设定需要特殊注意。在制作影片时，应根据镜头数量、顺序、功能和时间长度等特点进行名称设置，这样可以使项目名称具有详细的功能说明，方便影片合成的操作。

（2）时间标签

单击时间标签后，系统会激活数字，可以直接输入需要到达的时间位置（图 2-28）。然后按 Enter 键或者点击其他任何位置完成操作。在移动时间标签时，会显示当前显示的时间段。

也可以按住鼠标左键拖拽鼠标，手动寻找需要到达的时间（图 2-29）。在计算机性能许可的

情况下，会根据鼠标的拖拽在 Composite 窗口显示相应的时间的画面。

（3）层名称

在合成影片需要调整层名称时，可以在时间线面板中选择要更改的名称的图层。按 Enter 键，这时时间线面板中的选定层就会显示为预输入状态（图 2-30）。

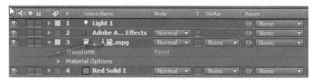

图 2-30

需要移动层在时间线面板中的排列位置时，可以使用鼠标左键单击层并拖拽至需要的位置，然后释放鼠标左键完成当前操作（图 2-31）。

图 2-31

（4）层长度

在时间线面板中由于素材层种类不同，层栏的颜色也会有区别。在时间线面板中，使用鼠标，这样操作可以缩短或延长层的长度（图 2-32）。

图 2-32

通过鼠标左键单击层栏中间的部分可以移动层，能够对层的起始显示部分进行调整，如需层向后摆放，则需要向右拖拽鼠标，反之亦然（图 2-33）。

图 2-33

图 2-27   图 2-28   图 2-29

（5）时间段缩放

使用鼠标左键单击时间段缩放滑块的后端按钮，可以将时间段向前放大，以便使时间段显示精度提高（图2-34）。

时间段缩放与 Composition 窗口中预览时的缩放不同，时间段的缩放是对显示时间段精密程度的控制。

（6）快速搜索

素材与特效搜索功能为用户工作效率的提高作出了很大的贡献，用户可以在搜索输入栏输入需要查找的素材名称或特效名称，计算机会快速地将其查找定位并单独显示在时间线面板中（图2-35）。

这样的功能设置，便于解决在后期影片合成时，由于层过多导致的编辑困难、无法查找特效及层位置不明确等影响工作效率的问题。

（7）显示／锁定区

显示／锁定区内的功能命令主要可以设置Video（视频）、Audio（音频）层的显示及层的锁定操作（图2-36）。

图2-34

图2-35

图2-36

视频显示按钮，开启或关闭视频图标，可以在合成窗口中显示或隐藏素材层内容。当视频图标开启时，层内容会显示在合成窗口中。当视频图标关闭时，层内容隐藏在合成窗口中。

音频显示按钮，在时间线面板中添加音频层后，层上会显示音频图标，使用鼠标左键单击音频图标，图标将会消失，在预览合成项目时将听不到声音。

单独显示按钮，选择层并开启单独显示图标后，其他层的视频图标就会变为灰色，在合成窗口中只显示开启单独显示图标的层，其他层处于隐藏状态。

锁定按钮，开启锁定图标可以将当前选择层设置为锁定状态，将一个层锁定时，不能选择、编辑及调整被锁定层。通常会将已全部制作完成的层设置为锁定状态。

（8）层区域

层区域的功能命令主要可以设置 Label（标签）、Source Name（来源名称）及层序号的操作（图2-37）。

图2-37

卷展按钮，可以使用鼠标左键单击卷展按钮，卷展按钮图标指向下方显示的属性。

标签按钮，单击标签按钮后，可以在弹出的下拉菜单中会显示14种颜色，根据需要从中选择需要的颜色。单击 Select Label Group（选择标签组）命令可以将所有相同颜色的层同时选中。

Source Name 来源名称按钮，使用鼠标左键单击来源名称，按钮将会显示为 Layer Name，这时时间线上的素材将会以层名称来显示，素材名称不可以更改时，更改层名称通常是可以的。

（9）板块开关区

板块开关区的图标本身的功能不能单独使用，需要与面板上方的连动开关按钮连动使用（图2-38）。

收缩按钮：单击收缩按钮可以将选择层隐藏，而按钮样式会变为扁平，但时间线面板中的层不产生任何变化，这时要在时间线面板上方单击收缩按钮，用于开启收缩功能操作。

图2-38

栅格化按钮：单击栅格化按钮后，嵌套层的质量会提高，渲染时间减少。

质量按钮：可以设置合成窗口中素材的显示质量，使用鼠标左键单击按钮可以切换高质量与低质量两种显示方式。

特效按钮：在层上增加滤镜特效命令后，当前层将显示此按钮，使用鼠标左键单击特效按钮后，当前层就取消了特效命令的应用。

帧融合按钮：可以在渲染时对影片进行柔和处理，通常在调整素材播放后单击应用。首先在时间线面板中选择动态素材层，然后单击帧融合按钮，最后在时间线面板上方帧融合按钮显示为 。

运动模糊按钮：可以在 After Effects 软件中记录层位移动画时产生的模糊效果。

调节层按钮：可以将原层制作成透明层，在开启 Adjustment Layer（调节层）按钮后，在调整层下方的这个层上可以同时应用其他效果。

三维图层按钮：可以将二维转换为三维操作，开启三维按钮后，层将具有 Z 轴属性等功能。

线框交互按钮：使用鼠标左键选择并拖拽图像时不会出现线框，而关闭线框交互按钮后，在合成窗口中拖拽图像时将以线框模式移动。

模拟三维按钮：在三维环境中进行制作时，可以将环境中的阴影、摄影机和模糊等功能状态进行屏蔽。

迷你合成树按钮：点击会显示当前的合成树，提供当前合成思路的参考。

头脑风暴按钮：点击此按钮，软件会自动为当前的对象设计几个动画效果以备选择。

自动记录关键帧按钮：点击此按钮，软件会开始根据任何参数的改变自动记录关键帧。

曲线编辑按钮：会打开曲线编辑器进行关键帧曲线的编辑。

（10）叠加模式／轨道蒙版／父子关系链接区内的功能

叠加模式／父级链接区内的功能命令主要可以设置层的 Overlay Mode（叠加模式）、Track Matte（轨道蒙版）及 Parent（父级链接）的操作。

Overlay Mode（叠加模式）在标准界面下并不会显示，可以在时间线面板下方单击 按钮显示 Overlay Mode。

在 Overlay Mode（叠加模式）面板中可以设置层的混合模式。层与层之间的混合可以生成特殊的效果，在时间线面板中选择上层素材，单击层混合模式按钮，从弹出的菜单选择合适的叠加模式即可。

在 After Effects 软件中，当时间线面板中存在两个以上的图层时，就会显示出可以应用 Track Matte（轨道蒙版）的部分。在 After Effects 软件中，一般是利用透明通道信息和亮度信息进行 Track Matte 操作的。Mode 面板右侧有一个显示为 T 的选框，单击该选框可以选定 Preserve Transparency（保持透明），完成保持透明度操作。

Parent（父子关系链接）可以设置层与层之间的关联，Parent（父子关系链接）是通过链接方式在不同层上实现同样的操作。

实现链接的方法有两种，一种是在时间线面板中选择子级层，然后使用鼠标单击子级层右方 Parent（父子关系链接）面板下的 螺旋线按钮，并拖拽至要进行链接的父级层上。另一种是在时间线面板中选择子级层，然后在螺旋线按钮右侧的下拉菜单中进行选择，使用鼠标左键单击，在弹出的下拉菜单中设置父级层。

（11）时间设置区

时间设置区包括的面板在标准界面下并不会显示，可以在时间线面板下方单击 按钮来显示时间设置区,时间设置区中包括 In（输入）、Out（输出）、Duration（持续时间）、Stretch（延伸）的参数（图 2–39）。

In	Out	Duration	Stretch
0:00:03:20	0:00:12:16	0:00:08:22	100.0%
0:00:00:00	0:00:29:24	0:00:30:00	100.0%
0:00:00:00	0:00:14:14	0:00:14:15	100.0%
0:00:00:00	0:00:29:24	0:00:30:00	100.0%
0:00:00:00	0:00:29:24	0:00:30:00	100.0%

图 2–39

In（输入）：可以显示起始时间，单击 In 的时间码，系统会弹出起点时间对话框，输入需要设定的起始时间，然后单击 OK 按钮，完成操作。

Out（输出）：显示层的结束时间，更改结束时间后，层栏的整体长度依然保持原状，单击输出的时间码，系统会弹出结束时间对话框，输入需要设定的结束时间，然后单击 OK 按钮完成操作。

Duration（持续时间）：可以显示图层的起始和结束，也就是素材的长度。

Stretch（延伸）：一般用于设置动态素材，设置延伸参数可以改变动态素材的长度，使其加快或减慢。在时间线面板中选择层，然后单击延伸时间码，系统会弹出设置对话框，在延伸参数栏中输入参数即可设置动态素材速度。

（12）时间图表区

时间图表区可以直观地表示图层的入点和出点，面板的数值可以显示关键帧的位置和时间关系，还可以调整显示时间范围以及指定创建、预览影片时渲染的时间范围。

2．与时间线相关的指令

双击任意一个 Comp 即可将其在时间线上展开，观察其图层操作。Project 中的任意一个素材（包括不关联的 Comp）均可以拖拽到时间线上，构成图层。

对于时间线的命令操作，主要集中在主菜单的 Layer（图层）菜单，这些命令中的常用命令也可在 Timeline 面板中直接使用右键快捷命令。

Layer 菜单中的命令与层有相关联系，主要用于创建和编辑图层及设置自身属性，软件给这些命令进行了简单的分组。

（1）新建组

图层菜单中的新建组提供了 New（新建）和 Layer Settings（层设置）功能。

New 命令，用于创建固态层、灯光、摄影机、字幕、调整层和形状图层等，其中大部分是有快捷键的（图 2-40）。

Text 文本层，主要是添加一些文字效果，在动画合成工序中配合多种特效制作画面效果（图

2-41），快捷键 Ctrl+Alt+Shift+T 组合键。

Solid 固态层，固态层是合成中极其重要的过渡用图层，其本身为软件自动生成的单色素材，通常可以用来添加文字、粒子、噪点等效果。创建固态层会出现设置选项，主要是用来控制其颜色，也可以根据需求修正其大小（图 2-42），快捷键 Ctrl+Y 组合键。

Light 灯光层，是 After Effects 进行三维合成的一个重要工具，用于模拟灯光照射效果，可以选择点光源、面光源、锥形光源三种，并且选

图 2-40

图 2-41

图 2-42

择其颜色、照度乃至投影灯参数（图2-43），快捷键 Ctrl+Alt+Shift+L 组合键。需要注意的是，After Effects 的灯光并非三维软件中的灯光，很难模拟真实的效果，数量过多会使软件计算量过大，在使用时仅仅起到辅助、补充的作用。

Camera 摄像机层，用于添加并模拟摄像机拍摄的效果，尤其是在三维空间中进行合成，使用摄像机拍摄更加直观也更接近于真实（图2-44），快捷键 Ctrl+Alt+Shift+C 组合键。

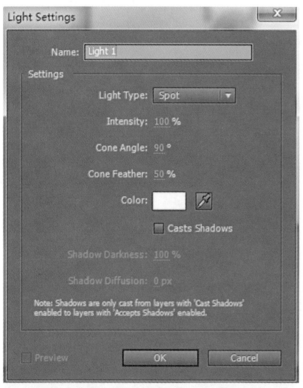

图 2-43

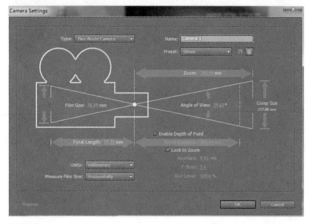

图 2-44

注意，在 Composition 窗口，画面左上方的 Active Camera 提示当前三维场景的观察视角，可以单击鼠标右键，在快捷命令菜单中的 Switch 3D View 命令中选择视角。摄像机动画在合成中也有较为广泛的应用，而且 Camera 图层使得合成和前期的三维制作之间的空隙更少，连接更紧密。

Null Object，不存在的物体，可以理解为物理学上的点，不影响画面，是合成过程中的重要参考元素，在动画控制中具有极高的实际应用价值，快捷键 Ctrl+Alt+Shift+Y 组合键。

Adjustment Layer 调节层，是专门用来对位于其下的图层进行整体调整的图层，快捷键 Ctrl+Alt+Y 组合键。Adjustment Layer 是非常重要的控制性图层，在合成中应用很广泛，尤其是项目中存在多重嵌套时，Adjustment Layer 就是非常好的选择。

Layer Settings 命令可以设置当前选择的图层，不同类型的图层系统对话框中参数也有所不同。

（2）打开组

打开组提供了 Open Layer（打开图层）和 Open Layer Source（打开素材窗口）功能（图2-45）。

图 2-45

Open Layer 可以打开图层的预览窗口，对图层的入点和出点进行编辑。

Open Layer Source 可以查到没有对层进行任何操作之前的原始效果，快捷键 Alt+ 小键盘的 Enter 键。

（3）操作组

操作组提供了 Mask（蒙版）、Mask and Shape Path（蒙版和路径形状）、Quality（质量）、Switches（转换）、Transform（变换）、Time（时间）、Frame Blending（帧混合）、3D Layer（三维图层）、Guide Layer（引导层）、Add Marker（添加标记）

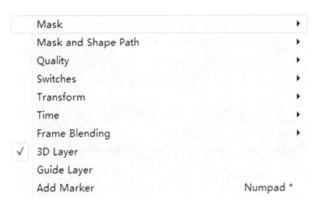

图 2-46

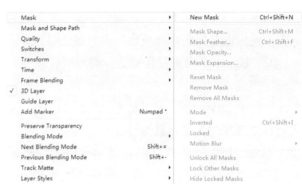

图 2-47

等功能（图 2-46）。

　　Mask 命令可以对蒙版进行操作及基本设置，命令子菜单中可以设置 Mask Shape（蒙版形状）、Mask Feather（蒙版羽化）、Mask Opacity（蒙版不透明度）、Mask Expansion（蒙版扩展）、Reset Mask（复位蒙版）和 Locked（锁定）等属性（图 2-47）。蒙版作为合成过程中最常用的工具之一，其功能相对并不复杂，但应用广泛。

图 2-48

　　Mask and Shape Path 命令可以设置蒙版路径的形状，控制是否闭合路径和设置路径的起始点（图 2-48）。

图 2-49

　　Quality 命令可以设置图层在画面中的显示质量，其中包括 Best（最佳）、Draft（草稿）和 Wireframe（线框）3 种方式（图 2-49）。

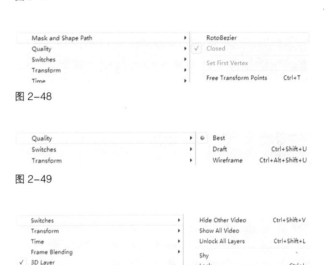

图 2-50

　　Switches 命令可以切换图层的属性，在命令子菜单中可以设置 Hide Other Video（隐藏其他视频图层）、Unlock All Layer（解除所有锁定的图层）、Solo（单独显示图层）、Effect（开启或关闭素材中使用的滤镜特效命令）和 Adjustment Layer（开启或关闭调整层）等属性（图 2-50）。

图 2-51

　　Transform 命令可以设置图层的变换属性，在子菜单中可以设置 Anchor Point（中心点）、Position（位置）、Scale（缩放）和 Opacity（不透明度）等属性（图 2-51）。

　　Time 命令可以设置图层是否重新映射时间（Enable Time Remapping）、反转层时间（Time-Reverse Layer）、拉伸时间（Time Stretch）或冻结当前帧（Freeze Frame，图 2-52）。

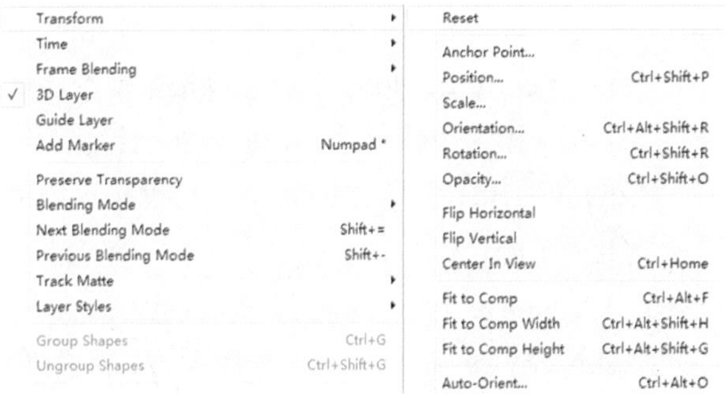

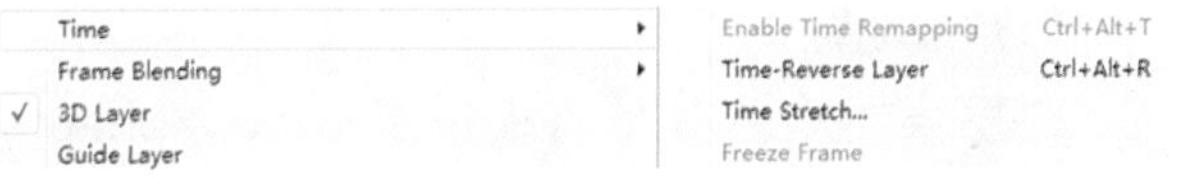

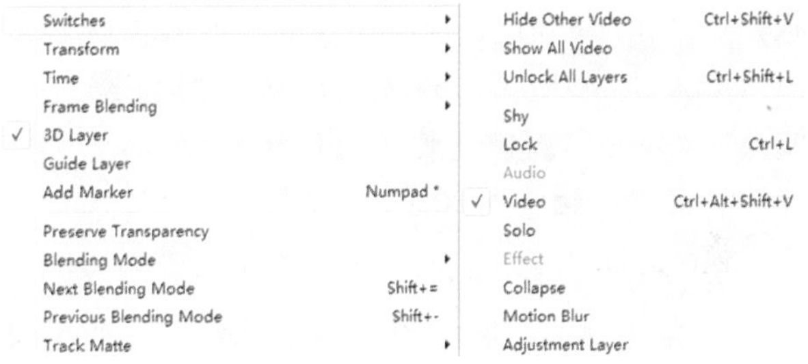

图 2-52

Frame Blending 命令可以混合帧与帧之间的画面，使画面之间的过渡更加平滑（图2-53）。

3D Layer 命令可以将所选择的图层转化为三维图层模式。

Guide Layer 命令可以将在 After Effects 合成项目中选择的图层设置为引导层。

Add Marker 命令可以在当前选择层的当前时间位置上添加一个标记点（图2-54）。在标记点上双击鼠标左键，可以在弹出的窗口中输入标记内容以便于查看。

标记会出现在 Timeline 窗口的时间条位置。在此位置单击右键，会出现相应的指令（图2-55）。

选择 Settings 命令，会出现 Layer Marker 窗口，在这里可以对标记进行编辑。

（4）设置组

图层菜单中的设置组提供了 Preserved Transparency（保持透明）、Blending Mode（混合模式）、Next Blending Mode（下一个混合模式）、Previous Blending Mode（上一个混合模式）、Track Matte（轨道蒙版）和 Layer Styles（图层样式）等功能（图2-56）。

Preserve Transparency 命令可以在合成影片过程中保持画面在背景透明区的透明度，如果背景不是透明的，画面则还是保持原来的颜色。

Blending Mode 命令可以设置上下图层的混合模式，功能与时间线面板中的混合模式按钮相同。

Next Blending Mode 命令可以按菜单顺序选择下一个混合模式，快捷键 Shift+= 组合键。

Previous Blending Mode 命令可以按菜单顺序选择上一个混合模式，快捷键 Shift+- 组合键。

Track Matte 命令可以设置轨道蒙版。

Layer Styles 命令可以为图层设置类似 Photoshop 中的图层样式，这样操作可以直接导入 Photoshop 中的图层样式数据（图2-57）。

（5）其他组

图层菜单中的其他组提供了 Group Shapes（成组形状）、Ungroup Shapes（解组形状）、

图2-53

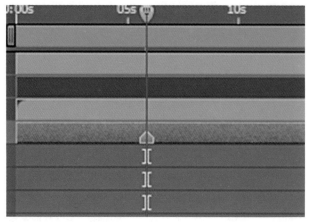

图2-54

图2-55

图2-56

图2-57

图 2-58

Arrange（图层排列）等功能（图 2-58）。

Group shapes 命令可以成组矢量图形，成组的图形可以拥有同一个变换属性。

Ungroup Shapes 命令可以将矢量图形组解组，解组的图形不能拥有同一个变换的属性。

Arrange 命令可以调节图层顺序，Bring Layer to Front（前移图层）命令可以将选中的图层向前移动一层，Bring Layer to Forward（图层置顶）命令可以将选中的图层移动到第一层，Send Layer Backward（后移图层）命令可以将选中的图层再向后移动一层，Send Layer to Back（图层置底）命令可以将选中图层的位置移动到最底层（图 2-59）。

图 2-59

（6）创建组

图层菜单中的创建组提供了 Convert to Live Photoshop 3D(转换为 Live Photoshop 3D 模式)、Convert to Editable Text（转换为可编辑文本）、Create Shapes from Text（根据文本创建形状）、Create Masks from Text（根据文本创建蒙版）、Auto-trace（自动追踪）和 Pre-compose（预合成）功能（图 2-60）。

图 2-60

Convert to Live Photoshop 3D 命令可以将 Comp 转换为 Live Photoshop 3D 模式。

Convert to Editable Text 命令可以将外部文本转换为可编辑的文本。

Create Shapes from Text 命令可以根据文本创建形状。

Create Masks from Text 命令可以根据文本创建蒙版。

Auto-trace 命令可以在对话框中输入设置，将层的 Alpha 通道转化为一个或多个蒙版，也可以使用层的 R、G、B 通道来创建蒙版。

Pre-compose 命令可以将选择合成项目中的层再创建一个嵌套图层，便于管理。

2.2.2　其他窗口

在 Composition 窗口的上方,是 Workspace(界面布局）选择栏，我们可以根据不同的操作意图，选择不同的界面布局，或者根据习惯自定义界面布局模式（图 2-61）。

图 2-61

选择 All Panels，可以打开所有的窗口面板。

注意，窗口与面板概念是有所区别的，一般来说，窗口位于面板之上，只有一个窗口的面板通常怎么称呼都可以。

2.2.2.1 Info/Audio（信息／音频）面板

Info/Audio 面板包括 Info 窗口和 Audio 窗口。Info 窗口显示了鼠标所在位置的颜色、透明度和坐标信息。当拖拽图层时，还会显示图层名称、轴心以及位移变化等信息。Audio 窗口显示播放影片时的音量变化以及针对左右声道等进行调节（图 2-62）。

2.2.2.2 Preview（预览控制）面板

Preview 面板主要是起到时间控制的作用，也针对不同的预览需求提供了多种选择（图 2-63）。

2.2.2.3 Effects & Presets（特效预置）/Brushes（笔刷）面板

Effects & Presets/Brushes 面板包括 Effects & Presets 窗口和 Brushes 窗口。

Effects & Presets 窗口预置了大量的特效和效果，并且根据功能进行分类，这也是 After Effects 最重要的功能模块之一。我们在对软件熟悉时候，剩下的工作就是不断地发挥创造力以及充实 Effects & Presets 面板的内容了（图 2-64）。

Brushes 窗口，用于控制绘图时的笔刷属性，也可以模拟多种不同的绘图笔的绘画效果（图 2-65）。

2.2.2.4 Paint（绘图）面板

Paint 面板，用于控制画笔的相关参数，使使用者可以进行简单的绘图操作（图 2-66）。

2.2.2.5 Tracker（跟踪）窗口

跟踪是影视特效制作中最常用的功能之一，也是当前电影电视中常见的特效之一，在动画制作中，跟踪功能也有其用武之地（图 2-67）。

2.2.2.6 Align（排列）窗口

Align 窗口，类似于 Word 中排版的功能，但作用的对象是图层（图 2-68）。

2.2.2.7 Smoother（平滑）窗口

Smoother 窗口主要用于修饰时间线上的关键帧动画（图 2-69）。

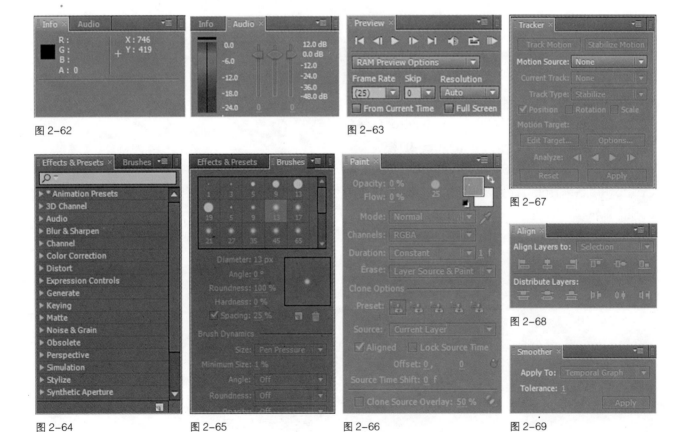

图 2-62　　　图 2-63

图 2-64　　　图 2-65　　　图 2-66　　　图 2-67

图 2-68

图 2-69

2.2.2.8　Wiggler（摇摆）窗口

Wiggler 窗口用于产生随机变化的动画效果，可以针对所有的随时间变化的属性（图 2-70）。

2.2.2.9　Motion Sketch（运动模拟）窗口

Motion Sketch 窗口用于记录并制作使用鼠标手动移动图层的位移动画，该功能使很多动画合成师摆脱了数字困扰（图 2-71）。

2.2.2.10　Paragraph（段落）窗口

Paragraph 窗口可以对文本的段落进行排版操作（图 2-72）。

2.2.2.11　Character（字符）窗口

Character 窗口可以对文本的文字效果进行控制（图 2-73）。

2.2.2.12　Mask Interpolation（蒙版插值）窗口

Mask Interpolation 可以对蒙版的插值算法等底层参数进行控制（图 2-74）。

2.3　After Effects 的常规操作

包括 After Effects 在内的特效合成软件，其基本操作可以大致分为四类：指令性操作、手控式操作、快捷键操作、脚本控制。

2.3.1　指令性操作

指令性操作是软件最常用的操作，也是软件功能的主要实现方式，主要有四种。

2.3.1.1　菜单选择

在特定的对象处于被选中状态时，通过选择菜单栏的命令对其加以操作（图 2-75）。此方式可以实现软件的绝大部分功能，但正是由于其全面性，需要花一定的时间寻找，故而在熟悉软件的其他快捷的操作方式之后，菜单栏主要是应用一些全局性指令或者一些不常用的指令。

2.3.1.2　右键快捷指令

直接在特定的对象处鼠标右击，会出现软件预置的快捷指令，通过左键点击执行（图 2-76）。这些指令均为软件的常用功能，这一方式也是软件的一个主要操作方式，在一般情况下，通过右键快捷指令可以完成绝大部分合成工作。

2.3.1.3　下拉菜单选项

软件所处理的各种属性中，很多并没有太强的可控性，只有几种状态的选择，软件本身的功

图 2-70

图 2-71

图 2-72

图 2-73

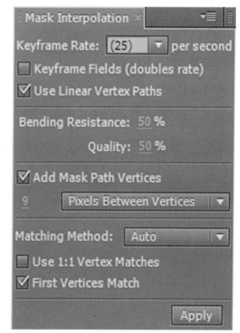

图 2-74

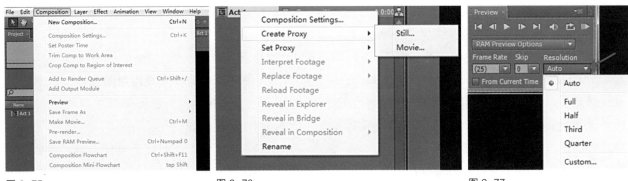

图 2-75　　　　　　　　图 2-76　　　　　　　　图 2-77

图 2-78

图 2-79　　　　　　　图 2-80

图 2-81　　　　　　　图 2-82

能上也提前预置好不同的组合或者模式，这些都是通过不同的下拉菜单按钮完成的，有的是显示了其中一个选择（图 2-77）；有的是通过按钮（图 2-78）；有些则是需要一定的操作（图 2-79）；有些则有特定的提示（图 2-80）。

2.3.2　数值输入

对于绝大部分可控的属性来说，参数数值是其最直观的体现，修改其数值是控制各种属性的最直接办法。

大部分的参数，都可以在该参数的数值位置鼠标左键单击，即可出现数值输入框（图 2-81）。

也可以在鼠标变化提示后，鼠标左键按住拖动修正（图 2-82）。

2.3.3　手控式操作

手控式操作是为了帮助我们实现一些指令无法实现或者无法快速实现的效果，有些也是为了规避一些相对烦琐的操作。手控式操作也可以分为三类。

2.3.3.1　使用工具栏的工具

使用工具栏的工具，是手控式操作最常见的方式，毕竟人手去完成的操作有很多无法通过单纯的指令实现（图 2-83）。

2.3.3.2　拖拽式操作

拖拽式操作实际上是指令性操作的一个重要补充。

特效合成中经常会将素材拖拽到时间线，或者拖拽时间线上的图层等（图 2-84）。

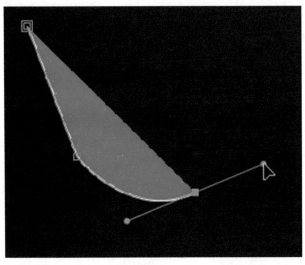

图 2-83

图 2-84

很多特效或者参数也有拖拽控制的选择，相对于数值输入，要快捷一些（图 2-85）。

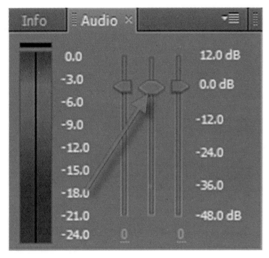

图 2-85

2.3.3.3　按钮点击

软件中有很多点击操作即可的按钮，如播放条、锁定按钮等，这些功能简单、快捷且必不可少（图 2-86）。

也有一些选项，无论是单选或者复选，也都属于按钮点击操作的范畴（图 2-87）。

图 2-86

图 2-87

2.3.4　快捷键操作

软件的绝大部分常用功能均有内置好的快捷键，使用快捷键可以极大地提高合成的效率。在菜单栏中，常用快捷键附在了指令的右侧（图 2-88）。

图 2-88

2.3.5　脚本控制

对软件比较熟悉并且掌握基本的编程能力者，可以使用脚本控制。基本上这一功能是用来实现高级动画功能，制作一些较为复杂的动画效果。

小结：

通过本章的学习，我们初步了解了业内相关软件的情况。同时也初步认识了 Adobe After Effects 这款软件，以及利用它的基本控制方式。至此，我们对于合成软件本身已经有了相当的认识。接下来，侧重点将会转换为使用软件进行合成的技术、技巧和相关知识。

实时训练题：

熟悉一下 After Effects 的界面，在菜单栏窗口下，依次调出功能面板，然后尝试着导入一些视频和音频素材，利用相关的工具进行操作练习。

第3章　合成的基本流程

本章主要讲解合成的基本流程，以及合成的各个阶段所涉及的基本的知识点和操作技巧。

3.1　合成的基本流程

对软件有了一定的了解之后，我们需要掌握使用 After Effects 进行合成的基本流程，而今后的学习则是在此基础上进行技巧和功能的加强。

3.1.1　建立并管理工程文件

3.1.1.1　建立工程文件

进入软件之后，跳过欢迎窗口，注意左上角，会看到当前默认的工程文件名称"Untitled Project.aep"（图 3-1）。

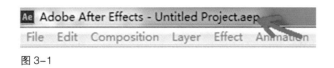

图 3-1

在合成工作中，及时保存是一个非常好的工作习惯。在我们开始一次新的任务之时，第一步就是建立并保存能够反映出任务内容同时也能方便查询的工程文件。可以使用菜单栏 File 栏的 Save 命令，Save As 命令，此时会弹出 Save As 窗口（图 3-2）。

选择合适的存储路径和合适的工程文件名称即可。完成后点击保存（图 3-3）。

3.1.1.2　管理工程文件

工程文件的存储有几点需要注意：

1. 存储路径

一般来说，工程文件可以和素材文件放在一起，单独建立文件夹保存。这一方法的优点是所

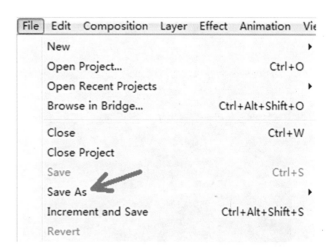

图 3-2

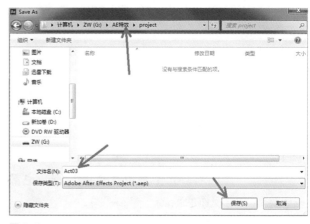

图 3-3

有和该项目相关的内容集中在一起，在项目中途交接或者项目完成之后的备份都相对简单，并且在相当长的一段时间内，可以迅速找到制作该项目时的资料。另一个办法是将所有的工程文件统一管理，存放在计算机内的特定的文件夹内。这一方法的优点是所有的项目文件集中在一起，方便查询以前的操作，缺点是较早的工程文件会链接不到素材。

2. 文件名

工程文件的文件名是相当重要的，无论是使用、管理还是备份、交流都会涉及。同一个任务的工程文件可以集中在一个文件夹中，或者将所有的工程文件集中在一起，通过文件名加以归类。一般为"任务名＋镜头号＋内容描述＋序号＋日期"可以根据不同的需求加以删减，但是无规律的命名是绝不可行的，一名好的后期工作者，首先要做到的就是规范手头的资源。

3. 及时保存

根据任务的负责程度以及机器性能乃至不同特效所消耗资源的不同，应该及时保存当前的工程文件，对于一些复杂的操作，做一步存一步也未尝不可。另外，每完成一个阶段，应该使用 File→Save As 指令，另行存储一个新的工程文件，以防止断电等不可抗力造成现有工程文件损坏。

4. 尽量使用英文或者拼音

在官方推出中文版软件之前，尽量使用英文（拼音也可）名称乃至英文路径。相对英文来说中文字符识别较为困难，类似的还有诸如"#、￥、%"等符号，这些符号或者有其特定的作用，或者识别困难，极容易造成工程文件难以识别或者在另外一台机器上无法识别。同时，英文本身的大小写区分对于命名来说是很有帮助的。

对于动画制作来说，每一个镜头甚至同一个镜头的不同环节都需要合成完成，规范并且严格的工程文件管理体系是非常有帮助的。

3.1.2　创建 Composition

建立好工程文件之后，即可开始合成任务，合成的第一步是建立 Composition（合成，缩写为Comp）。

3.1.2.1　创建 Composition

通过 Composition→New Composition 命令建立新的 Comp（图 3-4），或者快捷键 Ctrl+N组合键，还可以在 Project 窗口利用右键快捷命令 New Composition 完成创建。同时弹出Composition Settings 窗口（图 3-5），对其进行

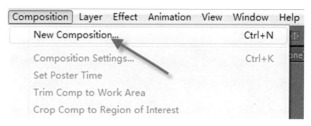

图 3-4

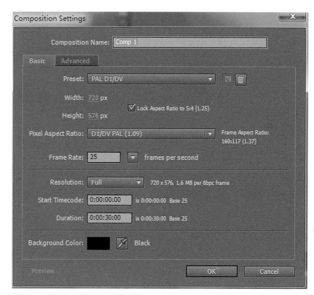

图 3-5

图 3-6

初步的设置。一次任务中的 Comp 可以不止一个。

新建的 Comp 会出现在 Project 窗口（图 3-6）。

图 3-7

鼠标左键单击选择此 Comp，可以在 Project 窗口预览其相关的参数（图 3-7）。

3.1.2.2　设置 Composition 属性

Composition 属性是和我们最终的合成成果直接相关联的，在建立 Comp 之初，就要选择好。After Effects 会自动记录上一次设置好的选择（正常退出的情况下），对于大型项目或者客户类型稳定的使用者来说是很有帮助的。

Composition Settings 主要有三部分，Composition Name 用来设置名称，正规的操作需要严谨的命名，Basic 栏包含了 Composition 的一些基本参数，Advanced 栏包含了 Composition 的一些高级参数，主要是针对三维显示，通常不需要更改。

Preset 用来选择预置制式。After Effects 提供了从 PAL、NTSC 等电视、标清制式以及高清、胶片等影片格式。也可以选择 Custom 自定义，右侧两个按钮分别是将当前制式存储和删除功能。

Width/Height 可以调节 Comp 分辨率，支持从 4 ~ 30000 像素的范围。

Pixel Aspect Ratio 可以调节像素比，通常与制式的选择相联系，有特殊要求可以修改。

Frame Rate 用来设置帧速率。

Resolution 用来决定影片像素清晰质量，右侧参数给出了画面大小和输出后的每一帧的文件大小，对于预览、交流等很有帮助。

Start Timecode 设置起始时间码，即第一帧的时间，通常从 0 帧起，也可以根据镜头或分镜脚本另行设定。

Duration 设置 Comp 时长。

Background Color 设置背景颜色。合成时起到参考作用，输出带透明通道的文件时不影响最终画面效果。

在建立 Composition 之后如有变动，也可以在 Composition 处右键单击选择 Composition Settings 命令调出 Composition Settings 进行修正。

3.1.3 导入并管理素材

在建立了合适的 Comp 之后，就需要导入素材或者创建各类不同的元素以构成画面。

3.1.3.1 导入素材

导入素材的相关命令在 File 菜单中，也可以在 Project 窗口空白处鼠标右键单击，通过快捷菜单命令完成（图 3-8）。

Import 包含了导入素材的 7 种方式：File，单次导入文件；Multiple Files，连续导入文件；Capture in Adobe Premiere Pro，采集到 Adobe Premiere Pro 中；Adobe Premiere Pro Project，

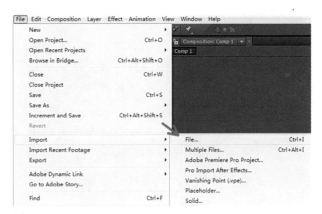

图 3-8

Adobe Premiere Pro 的工程文件；Vanishing Point，投影点文件；Placeholder，占位符；Solid，固态层（实际上是创建固态层）。

Import Recent Footage：导入最近使用过的素材。

Export：导出文件。将当前正在编辑的对象输出，也可以在软件之间配合使用：Add to Render Queue，加入到渲染队列；Adobe Flash Player，输出为扩展名为 .swf 的 Flash 视频文件；Adobe Flash Professional，输出为扩展名为 .xfl 的 Adobe Flash 工程文件；Adobe Premiere Pro Project，输出为 Adobe Premiere Pro 的工程文件（图 3-9）。

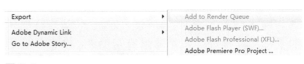

图 3-9

选择导入素材命令后，会出现 Import File 窗口（图 3-10）。需要注意的是，选择不同的文件，窗口下方的选项会有所不同。

Format 显示选中的文件的格式。

Import As 选择不同的文件，在导入到 Project 窗口时可以选择不同的方式。此处不选择，再导入时，也会有选项窗口。

选中文件夹时可以选择 Import Folder 导入整个文件夹。

图 3-10

对于位图序列有勾选提示。

对于透明通道有勾选选项。

在导入诸如扩展名为 .psd、.rpf、.tiff 等可能包含多个通道或图层的文件时，会出现选项窗口（图 3-11）。

Import Kind：导入类型，即包含的这些图层采取何种形式导入，可以选择图层的形式，也可选择导入为 Composition。

Layer Options：图层选项，可以选择可编辑图层模式或者合并为一个图层。Live Photoshop

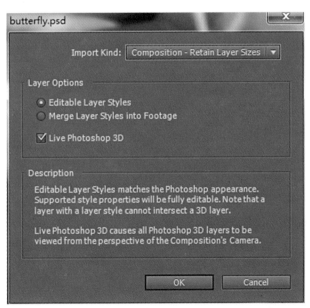

图 3-11

3D 效果可以选择打开或关闭。

3.1.3.2　管理素材

不同类型的素材在 Project 窗口中显示为不同的图标（图 3-12），也可以查看其文件类型、文件大小等参数，或者在选中素材后查看其简略信息（图 3-13）。

选中素材后，可以利用 File 菜单中的相关命令加以编辑，或者在素材位置单击鼠标右键，使用其常用的命令。这些命令被分为两组（图 3-14）。

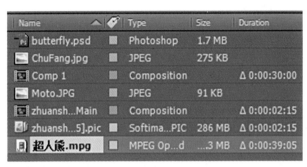

图 3-12

图 3-13

Add Footage to Comp	Ctrl+/
New Comp from Selection	
Consolidate All Footage	
Remove Unused Footage	
Reduce Project	
Collect Files...	
Watch Folder...	
Scripts	▶
Create Proxy	▶
Set Proxy	▶
Interpret Footage	▶
Replace Footage	▶
Reload Footage	Ctrl+Alt+L
Reveal in Explorer	
Reveal in Bridge	

图 3-14

一组为素材和 Comp 之间的操作。

Add Footage to Comp 可以将 Project 窗口中的素材添加到 Comp 中。

New Comp form Selection 可以根据所选对象属性创建新的 Comp，并且将所选素材加入到 Comp 中。

Consolidate All Footage 可以整理全部素材，将 Project 窗口中的素材合并整理，去除冗余。

Remove Unused Footage 可以删除未被使用的素材。

Reduce Project 可以简化 Project 窗口，去除未被编辑的 Comp。

另一组为针对素材本身的操作。

Create Proxy 可以制作代理，为素材创建一个代理文件，有静帧和视频两种选择。Create Proxy 的作用主要是利用低分辨率素材代替高分辨率素材，提高编辑的效率，对于高清级编辑尤其有用。选择该命令后，会自动创建与素材同名的 Comp 并且添加到 Render Queue 中，默认设置为低质量画面，点击 Render 即可（图 3-15）。

图 3-15

Set Proxy 设置代理，可以将当前的代理去除掉，或者选择 File，重新选择计算机磁盘中的文件为代理。

Interpret Footage 可以用来解析素材，尤其是 Main 命令，对于视频素材或者多层、多通道素材均需要该指令来对素材进行解析，以便使素材展现出所需的效果（图 3-16）。

Interpret Footage 窗口分为两部分：Main Options，控制透明通道信息、帧速率、场信息、像素比以及视频文件的循环次数；Color Management，控制色彩空间的转化。

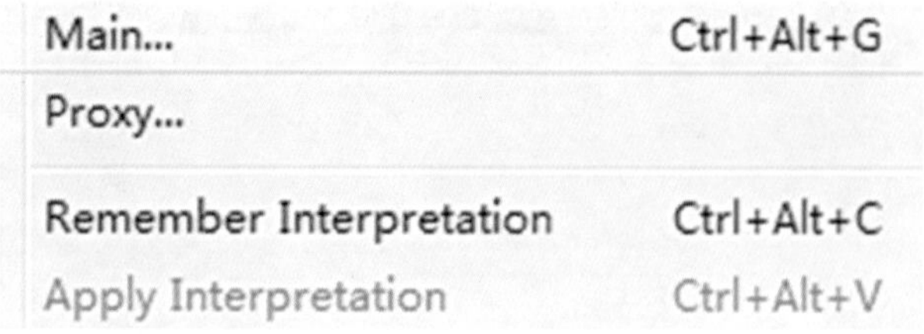

Main...	Ctrl+Alt+G
Proxy...	
Remember Interpretation	Ctrl+Alt+C
Apply Interpretation	Ctrl+Alt+V

图 3-16

Replace Footage 可以替换素材，将素材植到计算机磁盘的另一个文件上，其实相当于完全换了另一个素材，对于类似的素材进行对比或者在编辑完成后修改某一素材都是很有用的操作。

Reload Footage 可以重新载入素材，对于在计算机磁盘上被替换掉的素材重新载入。

Reveal in Explorer 可以显示文件所在文件夹。

Reveal in Bridge 可以在 Bridge 中显示文件。

根据 Project 窗口的复杂程度，我们需要对其进行一定的规范整理，通过 File → New → New Folder 命令建立文件夹进行分类（同时键入名称，图 3-17），也可以使用快捷键 Ctrl+Alt+Shift+N 组合键，或者在 Project 窗口使用快捷命令 New Folder。一般可以归为 Composition、Capture、Video、Audio、Image、Text、Others 几类，如果素材更多，再进一步细分。

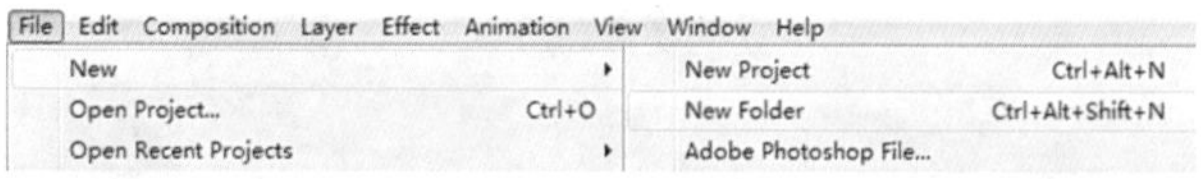

图 3-17

管理好 Project 窗口对于接下来的制作是非常有帮助的。

3.1.4 创建以及操作图层

Project 窗口为我们准备好了合成所需的原件，同时我们也注意到 Timeline 窗口中每一个 Comp 都有一个对应的分栏。接下来的工作，就是将素材拖拽到 Timeline 窗口创建图层，并且进行一定的调整（图 3-18）。

After Effects 的合成原理在第 1 章已经有所

图 3-18

介绍，我们可以根据画面的远近顺序安排图层的顺序，也可以按照类别区分，再根据叠加模式或者景深信息合成。甚至一个 Comp 也可嵌套进另一个 Comp（注意不要出现逻辑问题）。

3.1.5　控制画面效果

通过控制图层的参数以及添加特效，制作出最终可视的画面效果，也是合成中最重要的环节。After Effects 除了软件自身携带的特效之外，还有大量的第三方插件以及多个辅助软件，可以说，这一环节需要持之以恒的学习和研究。

3.1.6　控制动画效果

在调试好画面效果之后，还需要控制动画效果。画面效果和动画效果通常是交错进行的。

在合成时，动画控制是非常重要的，它和平面的效果有相当大的区别，毕竟人眼在观察静止图像和动态视频时，侧重点乃至大脑对信息的处理方式都有所不同。这就需要我们对于视频本身有一定的认识。

3.1.7　渲染输出

输出是将创建的项目经过不同的处理与加工，转化为影片播放格式的过程。一个影片只有通过不同格式的输出，才能够被用到各种媒介设备上播放，比如输出为 Windows 通过格式 AVI 压缩视频。用户可以依据要求输出不同的分辨率和规格的视频，也就是常说的 Render（渲染）。

确定制作的影片完成后就可以输出了，在菜单中选择 Composition → Make Movie(制作影片) 的命令，也可以使用快捷键 "Ctrl+M" 进行渲染输出操作。用户可以通过不同的设置将最终的影片进行存储，以不同的名称、不同的类型进行保存。

Render Queue（渲染队列）窗口可以大致分为两部分：Current Render（当前渲染）栏和渲染控制栏。

3.1.7.1　Current Render 栏

Current Render 栏包含了 Render Queue 上侧和下侧的信息显示部分以及渲染控制按钮。

单击 Render（渲染）按钮后，将切换为 Pause（暂停）和 Stop（停止）按钮，单击 Continue（继续）按钮可以继续渲染。

Massage（信息）可以显示当前渲染状态信息，显示当前有多少个合成项目需要渲染，以及当前渲染到第几个项目。

RAM（内存）可以显示内存的占用状态。

Renders Started（渲染起始）可以显示渲染开始的时间。

Total Time Elapsed（渲染耗时）能够显示渲染需要耗费的时间。

Most Recent Error（当前主要错误）可以显示渲染时报错的情况。

Current Render（当前渲染）栏中显示当前正在渲染的合成场景进度、正在执行的操作、当前输出路径、文件的大小、预测文件的最终大小和剩余的磁盘空间等信息。

单击 Current Render 左侧的三角形图标，可以展示详细信息（图 3-19）。

图 3-19

3.1.7.2　渲染控制栏

渲染控制栏中主要包含 Render Settings（渲染设置）、Log（日志）、Output Module（输出模块）、Output To（输出到）四部分。其中 Log 在不碰到疑难杂症时，是很少用到的。

1.Render Settings

单击 Render Settings 右侧的 Current Settings（当前设置）命令，会弹出 Render Settings 窗口，

可以对渲染的质量、分辨率等进行相应的设置（图3-20）。其前方的按钮可以调出预制的渲染设置（图3-21）。

（1）Quality（质量）：可以设置合成的渲染质量，包括 Current Settings（当前设置）、Best（最佳）、Draft（草图）和 Wire frame（线框）模式。

（2）Resolution（分辨率）：可以设置像素采样质量，包括 Full（全质量）、Half（一般质量）、Third（1/3 质量）和 Quarter（1/4 质量）。

（3）Size（尺寸）：可以设置渲染影片的尺寸，尺寸在创建合成项目时已设置完成。

（4）Disk Cache（磁盘缓存）：可以设置渲染缓存，可以使用 OpenGL 渲染。

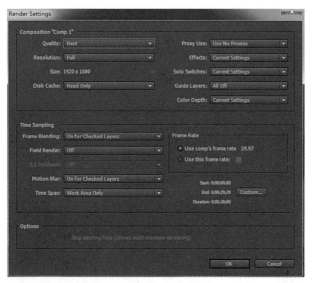

图 3-20

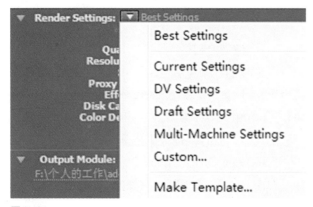

图 3-21

（5）Proxy Use（使用代理）：可以设置渲染时是否使用代理。

（6）Effects（特效）：可以设置渲染时是否渲染特效。

（7）Solo Switches（Solo 开关）：可以设置渲染时是否渲染 Solo 层。

（8）Guide Layer（引导层）：可以设置渲染时是否渲染 Guide 层。

（9）Color Depth（颜色深度）：可以设置渲染项目的颜色位深。

（10）Frame Blending（帧混合）：可以渲染项目中所有层的帧混合设置。

（11）Field Render（场渲染）：可以控制渲染时场的设置，包括 Upper Field First(上场优先)和 Lower Field First（下场优先）。

（12）Motion Blur（运动模糊）：可以控制渲染项目中所有层的运动模糊设置。

（13）Time Span（时间范围）：可以控制渲染项目的时间范围。

（14）Use Storage Overflow（使用存储溢出）：当硬盘空间不够时，是否继续渲染。

（15）Skip existing files（忽略现有文件）：当选择此项时，系统自动忽略已渲染过的序列帧图片，此功能主要在网络渲染时使用。

2.Output Module

在渲染控制面板中选择 Output Module 右面的 Lossless（无压缩）命令，会弹出 Output Module Settings（输出模块设置）窗口（图3-22），其中包括了视频和音频输出的各种格式和视频压缩等方式。点击其左侧的按钮可以直接调用预制的设置，在输出多个相同设置的 Comp 时，设置一个输出预制的设置能很大程度地节省时间。

（1）Format（格式）可以设置输出文件的格式，选择不同的文件格式，系统会显示相应格式的设置。

（2）Post-Render Action(在渲染动作完成后)可以设置是否使用渲染已完成的文件作为素材或

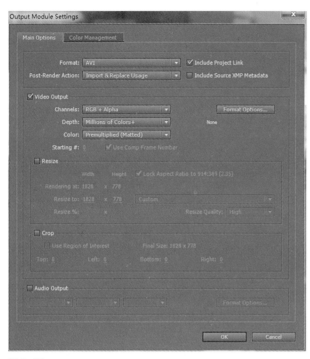

图 3-22

图 3-23

者代理素材。

（3）Channels（通道）可以设置输出的通道，其中包括 RGB、Alpha 和 Alpha+ RGB。

（4）Format Options（格式选项）可以设置视频编码的格式。

（5）Depth（深度）可以设置颜色深度。

（6）Starting（开始）可以设置序列图片的文件名序列数。

（7）Stretch（拉伸）可以设置画面是否进行拉伸处理。

（8）Crop（裁剪）可以设置是否裁切画面。

（9）Format Options（格式选项）可以设置音频的编码方式。

（10）kHz Bit Channel（kHz 频道）可以设置音频的质量，包括赫兹、比特、立体声或单声道。

3. Output To

渲染队列控制面板中单击 Output To 右侧的文字,会自动弹出 Output Movie To（输出影片到）窗口，在窗口中可以确定文件输出的位置和名称（图 3-23）。点击其左侧的按钮可以直接调用预制的设置。

3.2　合成全流程实例

3.2.1　案例分析

本案例通过制作三维景深来完成故宫环境的制作,所要用到的素材（图 3-24）,预期的效果（图 3-25）。可以预计到，本案例需要在三维环境下合成，并且需要对素材的空间位置和画面显示进行控制，并制作出合适的动画效果。

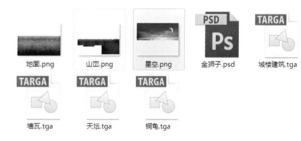

图 3-24

图 3-25

本案例是利用 After Effects 软件的三维合成功能，来让大家更直观地了解 After Effects 基本的合成流程。其中利用摄像机建立镜头的景深效果、为摄像机做关键帧动画等也是很有用的知识点。

3.2.2 案例操作

3.2.2.1 建立合成

本案例的合成比较特殊，画面大小为 760×576，时间长度为 4 秒 14 帧（图 3-26）。

图 3-26

3.2.2.2 导入素材

1. 导入 psd 素材

在导入素材的时候有几点需要注意，psd 文件是 Adobe 旗下 Photoshop 独有的格式，支持图层与图层样式，也可以直接以 psd 文件创建为 Comp 的形式。

当导入金狮子 .psd 的时候会弹出一个对话框，点击 Import Kind（导入种类）为 Composition—Retain Layer Sizes(合成—裁剪图层)，单击 ok(图 3-27)。

在项目栏里会出现两个文件：一个是金狮子的文件夹里边有 psd 格式的图片；另一个是金狮子的合成（图 3-28）。

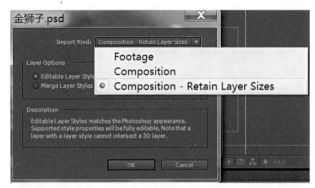

图 3-27

图 3-28

2. 导入 tga 素材

接下来导入 tga 图，例如城楼建筑 .tga。tga 文件支持 32 位透明通道的图片，也经常作为无损的序列图用在各软件之间的中间格式。导入 tga 图片，会弹出透明通道设置窗口，提示是否选择该图片含有的透明通道，一般点击 Guess（自动识别）让软件自动判断透明信息即可，这样导进的图片就带有透明区域，也就是 Alpha 通道（图 3-29）。

3. 导入 png 素材

导入 png 图片，也是支持透明通道的图片，操作与 tga 素材相同（图 3-30）。

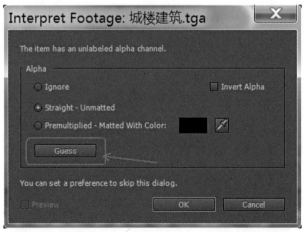

图 3-29

图 3-30

3.2.2.3　构建三维空间

1. 创建图层

将素材拖入到合成"城楼夜景"内（图 3-31）。

由于导入的素材大小不一，所以画面比较混乱（图 3-32）。图层的大小需要调整，但这一步可以先放缓。

图 3-31

图 3-32

2. 调整图层顺序

建立摄像机，设置参数（图 3-33）。

接下来调整一下图层顺序，按照空间远近顺序排列，同时打开每个图层的三维开关，使二维图层转换为三维图层（图 3-34）。

3. 调整墙瓦图层

点击墙瓦图层的独显按钮，单独显示墙瓦

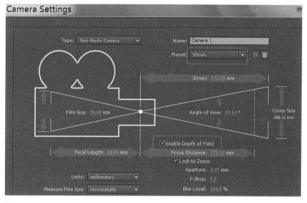

图 3-33

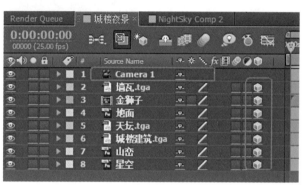

图 3-34

层。按 s 键打开其缩放属性，调节参数为 73（图 3-35）。由于缩放参数是三个轴 x、y、z 链接的关系，所以只需要输入一次就可以将三个参数改为 73，当然也可以把数值旁边的链接取消掉，就可以单独修改其参数。

在 Composition 窗口通过鼠标滚轮放大画面观察一下图片，会发现边缘还有瑕疵（图 3-36）。

图 3-35

图 3-36

选择图层，执行 Effect → Matte（蒙版）→ Simple Choker（简单抑制）命令添加滤镜，这个滤镜可以通过数值来控制 alpha 通道的收缩来修剪图片的边缘。

在 Effect Controls 窗口里，可以看到添加的滤镜及其参数。设置 Choke Matte 的数值，数值越大抑制边缘就越多，本案例调节到 2.2 左右，看到图片边缘明显的杂色会去除掉就可以了（图 3-37）。

图 3-37

由于素材没来得及整理，需要手动给图片画蒙版，去除掉不要的部分。

点击选择墙瓦图层，并选择工具栏钢笔工具 ，在 Composition 窗口绘制封闭的路径形成蒙版（图 3-38）。

注意：这里绘制蒙版的时候注意一定是封闭的曲线，如果没有封闭的曲线就仅仅是路径。

这时需要一个较为明确的透明的显示，通过合成预览窗口的透明栅格按钮打开透明区域，有灰白格的区域都是透明的（图 3-39）。

这个蒙版是保留了不要的部分，下面通过反

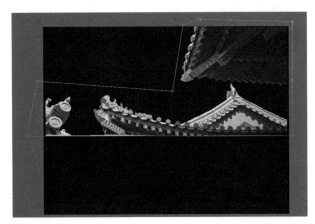

图 3-38

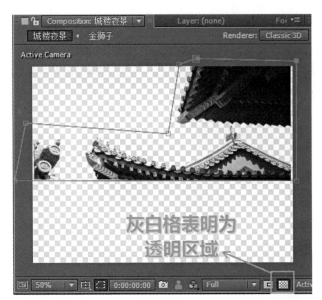

图 3-39

转蒙版，或者改变蒙版的叠加方式来反转蒙版。展开墙瓦图层属性，找到 masks 下的 mask1，通过其下拉菜单将叠加模式由 add（加）改为 Subtract（减，图 3-40）。或者直接勾选 inverted，反转蒙版（图 3-41）。

这样，我们就获得了一个比较满意的结果（图 3-42）。

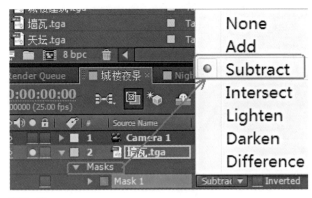

图 3-40

图 3-41

图 3-42

图 3-44

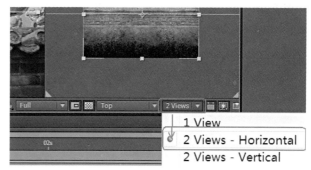

图 3-45

按 Ctrl+D 组合键复制墙瓦图层，选择新复制的层按回车键，重命名该层为墙瓦 2，然后关掉墙瓦层的图层独显。

回到墙瓦 2 层，改变蒙版的形状，利用选择工具█，点击蒙版上的点可以调整其形状（图 3-43）。

4．调整地面图层

将墙瓦 2 的独显去掉，显示全部的图层，然后展开地面层的 Transform（变换）属性，找到 Rotation(旋转)，改变其 X 轴的旋转参数为 -90(图 3-44)。

回到 Composition 窗口，把观察视图切换为 2View-Horizontal（2 视图／左右布局）模式（图 3-45）。

将右侧的视图切换为 Top 顶视图（图 3-46）。

此时，Composition 窗口左边显示默认的摄像机视图，右边显示 Top 顶视图（图 3-47）。

图 3-43

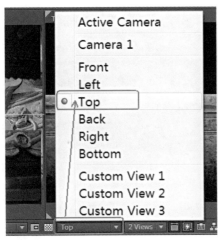

图 3-46

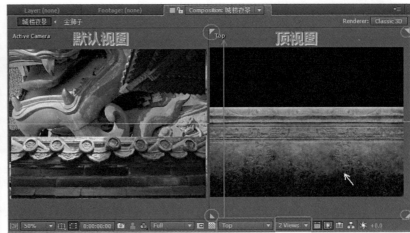

图 3-47

注意，AE 提供了灵活的视图观察方式，可以切换多窗口显示，每个窗口可显示任意的视图，包括 Top、Left、Right、Front 等不同三维角度的视图；还有摄像机视图和自定义 1、2、3 三个视图，可以在这两种视图中利用摄像机工具█来移动、旋转和缩放三维视图，前者会改变摄像机的位置属性，而在后者自定义视图中不会对摄像机造成影响。

5. 调节图层位置和大小

通过之前的操作，我们已经构建起了一个基本的三维空间，接下来可以调节各个图层的空间位置了。

首先调节一下各个图层的画面大小。按 Ctrl+A 组合键选择全部图层，按 P 键单独打开他们的位移属性，再按 Shift+S 组合键添加显示缩放属性。并按照顺序排列好图片的位置以及大小，注意如果需要的话缩放链接的锁可以取消，这样才能分别设定每个轴的缩放值（图 3-48）。

在 Top 顶视图和自定义视图中查看一下它们的空间排布位置（图 3-49、图 3-50）。

然后切换到摄像机 1 视图，我们已经获得了一个接近于视觉要求的立体空间（图 3-51）。

3.2.2.4 摄像机摆位和移动、景深动画制作

选择 Camera 1 层，展开摄像机其属性。

设置时间码为 00：00：00：00，也就是视频

图 3-48

起始的位置，找到 Camera 的 Point of Interest（目标点）和 Position（摄像机位置）参数，并打开 Position 关键帧记录器，时间线会显示出菱形图标█，表明在当前时间记录了位移属性的参数值，这样就可以快速制作关键帧动画了。

展开 Camera Option（摄像机选项）参数，设定 Focus Distance（焦距）和 Aperture（孔径）

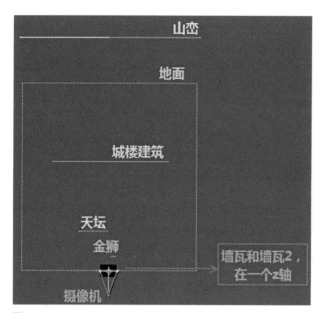

图 3-49

图 3-50

图 3-51

参数，并打开 Aperture 参数的关键帧记录器（图 3-52）。

小窍门：想快速定位时间，可以在时间码显

图 3-52

示的位置单击，直接输入想要的时间的数值。例如我们想到 4 秒 20 帧位置，时码应该输入 00：00：04：20，分别表示时：分：秒：帧；我们还可以直接输入 420，就可以直接定位到 4 秒 20 帧，这样简略的输入可以省去全部输入的麻烦。

注意：关于摄像机的 Focus Distance（焦距）和 Aperture（孔径）参数，可以参照摄影的书籍中介绍的焦距和孔径（也就是常说的摄像机光圈）的数值大小组合来确定图像的景深大小，并控制前景与背景的虚实变化，以及被用来模拟真实的镜头景深来达到逼真的效果。

选择 Camera 1 层，按 U 键打开该层所有记录关键帧的属性，并移动到 1 秒 20 帧（1s20f）时间位置，设置参数（图 3-53）。

继续在不同的时间点设定两个参数的值（图 3-54）。

圈选所有关键帧，按 F9 键，平滑关键帧，使摄像机运动更加流畅，关键帧图标变为沙漏的形状▮，即表明关键帧有平滑（图 3-55）。

预览动画效果，再次确认动画的节奏准确恰当。

图 3-53

图 3-54

图 3-55

3.2.2.5 调节颜色和画面效果

现在摄像机的运动和景深动画已经被制作完成，我们完成了大部分的工作，接下来调节一下整个场景的颜色和画面效果。

1. 调节山峦层

选择山峦层，点击菜单栏执行 Effects → Color Correction → Hue/Saturation（色相／饱和度）命令，添加 Hue/Saturation 特效。

降低图片的 Master Saturation（整体饱和度），提高 Master lightness（整体亮度），并将调色前与调色后的效果进行对比（图 3-56）。

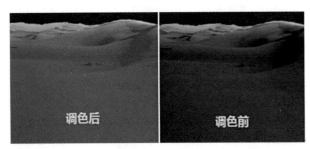

图 3-56

2. 调节天坛层

天坛层，点击菜单栏执行 Effects → Color Correction → Curve（曲线调整）命令，添加 Curve 特效。

设置 Curve 特效的整体曲线和 Red 通道曲线的形状，让图片偏暖色以匹配场景气氛（图 3-57），并对调整前后的效果进行对比（图 3-58）。

3. 调节墙瓦层

选择墙瓦层，点击菜单栏 Effects → Color Correction → Tritone（三色调）命令添加 Tritone 特效，这个滤镜可以为画面的亮部、暗部和中间灰阶部分着色（图 3-59）。

调节亮部、暗部和中间灰阶部分着色，把亮部高光和暗部区域变得暖一些（图 3-60）。

执行 Effects → Color Correction → Brightness & Contrast（亮度对比度）命令添加 Brightness & Contrast 特效。增加对比度，使暗部加重一些，更加符合晚上的气氛，并对前后效果进行对比（图 3-61）。

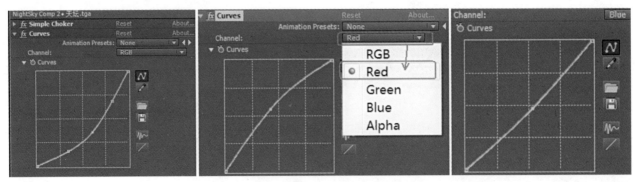

图 3-57

图 3-58

图 3-59

图 3-60

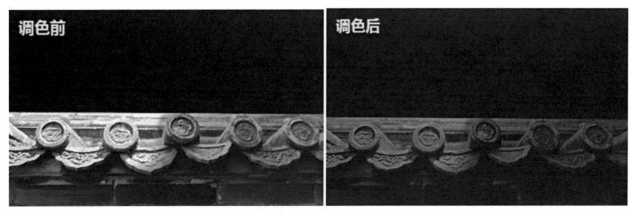

图 3-61

在墙瓦层的特效控制台窗口，选择刚才添加的两个特效 Tritone 和 Brightness & Contrast，然后按 Ctrl+C 组合键复制两个滤镜，然后选择"墙瓦 2"层，同时特效控制台面板也切换到"墙瓦 2"层，按 Ctrl+V 组合键粘贴特效（图 3-62）。这样滤镜就直接复制应用到了"墙瓦 2"层里，免去了重复操作的步骤。

图 3-62

3.2.2.6 细节修饰

最后为结尾添加闪白转场，也就是画面逐渐变白淡出的效果，这里我们使用添加色阶滤镜使画面逐渐变白，要比直接为画面加白色图层渐变效果好很多。

执行 Layer → New → Adjustment Layer 命令添加调节层（图 3-63）。

图 3-63

在调整图层上添加的滤镜会影响到它下方的所有图层，接下来利用这一特性，为画面整体添加一个特效。

选择调整图层，执行 Effects → Color Correction → Levels（色阶）命令添加 Levels 滤镜。

在 0：00：03：08（3s8f）时间位置打开 Histogram（柱状图）秒表，记录关键帧并开始制作动画（图 3-64）。

在 4s6f 设置 Input White（输入白色）为 94，Output Black（输出黑色）为 74，关键帧自动建立，

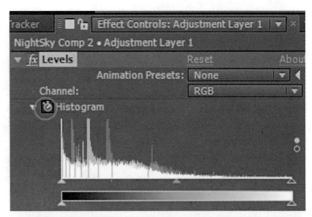

图 3-64

图 3-65

并检查其效果（图 3-65）。

最后画面还没有完全变成白色，这里不要求使用 Levels 滤镜来变成全白色。

下面通过白色固态层，来使画面逐渐变白，执行 Layers → New → Solid（固态层）或者按快捷键 Ctrl+Y 组合键，创建固态层。

在弹出的 Solid Settings 窗口中直接点击 Make Comp Size（制作为合成尺寸），这样的话就可以根据合成设置的尺寸建立固态层，设置

图 3-66

图 3-67

图 3-68

Color（颜色）为纯白色，图层名称会根据色彩默认命名（图 3-66）。

然后在 3s22f 选择 White Solid 1 层，按快捷键 T 键打开 Opacity（透明度）属性设置为 0，然后打开秒表记录关键帧（图 3-67）。

在 4s5f 修改 Opacity（透明度）为 100%，关键帧自动建立，画面变为全白（图 3-68）。

完整浏览一遍最后的画面效果，然后对各个参数和动画进行微调，如果没有问题，就可以准备提交给导演或者艺术总监审看了。

3.2.2.7　输出

选择城楼夜景 Comp，执行 Composition → Make Movie 或者按快捷键 Ctrl+M 组合键将其添加到渲染队列（图 3-69）。

由于是审看用片，Output Module 可以选择默认的 H.264，这是一个能够保证一定的画面质量，又能保证文件大小不是很大的设置。如果确认效果无误，为剪辑师输出最终效果，则需要输出无损的格式。

再设置 Output To，选择合适的输出路径，输出设置就基本完成了（图 3-70）。

按 Ctrl+S 组合键保存项目，然后按 Render 按钮即可输出了。

图 3-69

图 3-70

注意，输出前一定要保存项目。输出过程可能要花费相当多的时间，有很多原因会导致软件突然退出，所以养成及时保存的好习惯是必需的。

小结：

通过本章的学习，大家应该了解合成的基本过程，理解合成的基本步骤的安排方式，也应该了解合成所需要的各个技术环节，并对合成工作本身有一个较为直观的认识。

实时训练题：

1. 制作一部 HDTV720p 制式视频，使用素材尽量清晰。

2. 建立三维场景，建立摄像机并制作摄像机位移动画，可以运动推、拉、摇、移等摄像手法，并制作景深动画。

3. 正确输出视频，格式制式要与建立的合成组一致，视频格式为 MOV，编码自定，注意要保证视频的质量而又让视频尽量小。

第 4 章 构建画面

动画的控制在合成中是非常重要的一环。对于人的视觉而言，动的物体更能引起人们的注意，而有规律有节奏的运动，能够使观看者产生美感、愉悦感、共鸣。

本章主要讲解如何创建和控制动画。After Effects 对于动画的控制有很多的手法，本章将一一进行讲解。

4.1 关键帧动画

关键帧动画是最常见的动画制作和控制方式，它直观、简单并且能够产生足够的表现力。

4.1.1 关键帧控制

在每一个可以进行动画控制的参数的前方，都会有相应的提示，点击这个码表的图标，我们即可创建一个关键帧，同时在参数的左侧，会出现关键帧控制按钮（图 4-1）。

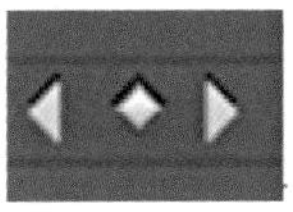

图 4-1

我们可以通过它添加或者删除关键帧，快速到达当前时间位置的前一个关键帧或者后一个关键帧。

在任何其他的时间，对该参数进行修改时，都会自动记录为新的关键帧，并且产生关键帧动画（图 4-2）。

图 4-2

我们可以在 Timeline 图标区内对这些关键帧进行操作：

- Ctrl+C／Ctrl+V：拷贝／粘贴。
- 左键选择关键帧并按住图标移动关键帧的时间位置。
- 选择多个关键帧，按 Alt 键同时拖动鼠标进行等比缩放。
- 按 Ctrl 键点击关键帧进行曲线平滑。

当然，我们还有其他的指令可以帮助我们进行关键帧的操作，这些指令主要集中在 Animation 菜单，下一节我们进行集中讲解。其中比较常用的指令，我们可以通过右键的快捷指令获得。

对于需要进行细致动画控制的参数，我们可以展开显示关键帧曲线来进行（图 4-3）。

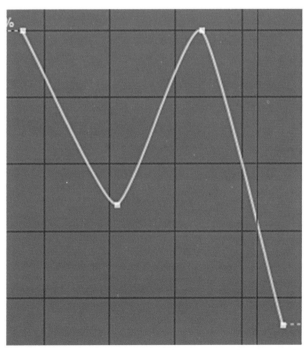

图 4-3

4.1.2 关键帧曲线控制

关键帧曲线之间，是用实线连接的，而其他位置则为虚线。我们既可以选择关键帧来进行动画控制，也可以选择关键帧之间的曲线进行编辑（图4-4）。

我们将鼠标放置在关键帧位置，则可以看到该关键帧的相关信息（图4-5）。

在关键帧上单击鼠标右键，能找到一些帮助的指令（图4-6）。

图4-7

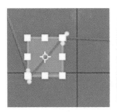

图4-4

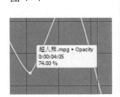

图4-5 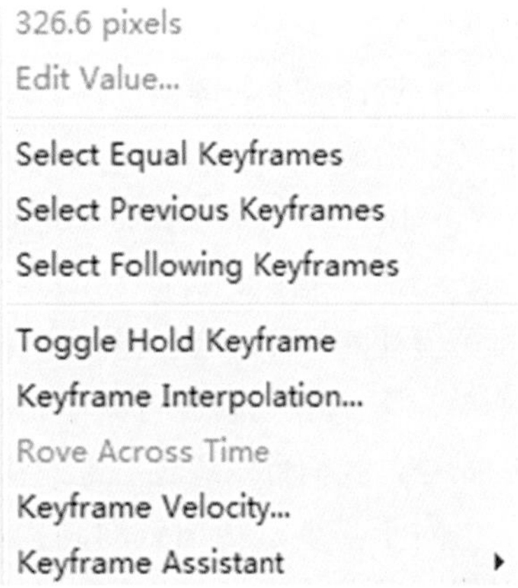　　　　图4-6

Edit Value 可以帮助我们进行精确的关键帧数值控制，也可以选择多个关键帧整体赋予数值。

Select Equal Keyframes：选择等值的关键帧。

Select Previous Keyframes：选择前面的关键帧。

Select Following Keyframes：选择后面的关键帧。

这三个指令，可以选择多个关键帧进行统一管理。

Toggle Hold Keyframe：保持关键帧数值直到下一个关键帧。

Keyframe Interpolation：关键帧插值计算模式（图4-7）。

默认的插值计算方式为 Linear 线性模式，即使用直线连接到下一个关键帧。而我们控制关键帧曲线形状时，通常会采用 Bezier 曲线。

我们可以使用鼠标左键按住圈选多个关键帧来进行统一编辑，也可以点击关键帧曲线来选择两个关键帧以及之间的曲线进行编辑（图4-8）。

选择多个关键帧时，可以显示为 Transform Box 模式，进行整体形状的调节（图4-9）。

我们此时选择 Transform Box 鼠标右键单击，可以选择多种辅助的显示手段（图4-10）。

在 Timeline 下方，也有几个辅助性的按钮，一些常用的手段都可以在这里获得（图4-11）。

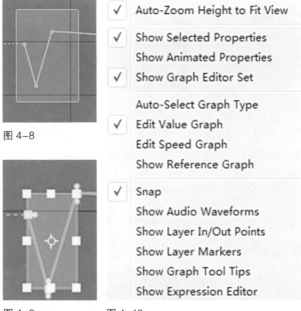

图4-8

图4-9　　　　图4-10

图 4-11

注意，类似于 Position、Scale 等涉及多个坐标的参数，需要点击█按钮才能针对各个坐标轴方向进行编辑。

4.1.3　自动记录动画

软件的 Motion Sketch 面板，给我们提供了另一类型的关键帧动画制作手段（图 4-12）。

我们可以通过该窗口的动作采集功能，在预览的同时，根据创作意图，实时地控制物体的运动，并记录成关键帧动画。对于一些简单但是有需要进行过多的操作的动作动画，可以如此办理（图 4-13）。

对于时间线上的关键帧曲线，我们可以进行适当的删减和调整，以获得最佳的效果（图 4-14）。

与之类似的，还有 Paint 窗口的 Write On 指令，可以自动记录笔刷的绘制过程（图 4-15）。

Paint 的这一功能还仅限于绘制动作本身的控制（图 4-16）。

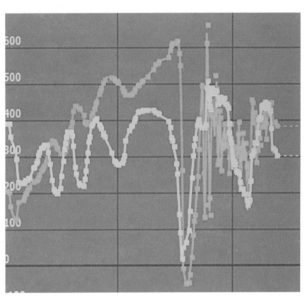

图 4-14

图 4-12

图 4-13

图 4-15

图 4-16

4.2 Animation 菜单的指令

在我们制作关键帧动画时，可以通过 Animation 菜单的指令进行辅助。

4.2.1 预设组

动画菜单中的预设组提供 Save Animation Preset（动画预设保存）、Apply Animation Preset（应用预设动画）、Recent Animation Preset（最近的动画预设）和 Browse Presets（浏览预设，图 4-17）。

Save Animation Preset（动画预设保存）：可以将当前设置的动画关键帧保存，方便下次使用。

Apply Animation Preset（应用预设动画）：可以对当前合成场景中选择的图层应用预览动画。

Recent Animation Preset（最近的动画预设）：可以显示最近使用过的动画预设，也可以直接调用这些动画预设。

Browse Presets（浏览预设）：开启 Adobe

Bridge，打开默认的动画预设文件夹进行动画预设浏览。

4.2.2 关键帧组

动画菜单中的关键帧组提供了 Add Keyframe（添加关键帧）、Toggle Hole Keyframe（冻结关键帧）、Keyframe Velocity（关键帧速率）和 keyframe Assistant（关键帧助手）等功能（图 4-18）。

Add keyframe（添加关键帧）：可以为当前选择的图层动画属性添加一个关键帧。

Toggle Hold Keyframe（冻结关键帧）：可以将当前的关键帧与其后的关键帧之间的数值产生一种"突然变化"的效果。

Keyframe Interpolation（关键帧插值）：可以修改关键帧的插值方式。

Keyframe Velocity（关键帧速率）：可以调整关键帧的速率。

Keyframe Assistant（关键帧助手）：可以设置关键帧的出入方式等效果（图 4-19）。

Add Keyframe	
Toggle Hold Keyframe	Ctrl+Alt+H
Keyframe Interpolation...	Ctrl+Alt+K
Keyframe Velocity...	Ctrl+Shift+K
Keyframe Assistant	▶

图 4-18

Convert Audio to Keyframes	
Convert Expression to Keyframes	
Easy Ease	F9
Easy Ease In	Shift+F9
Easy Ease Out	Ctrl+Shift+F9
Exponential Scale	
RPF Camera Import	
Sequence Layers...	
Time-Reverse Keyframes	

图 4-19

Save Animation Preset...	
Apply Animation Preset...	
Recent Animation Presets	▶
Browse Presets...	

图 4-17

其中，Easy Ease 自动平滑关键帧是很常用的指令，而 RPF Camera Import 是针对 RPF 文件的摄像机信息而来的指令，在三维动画的合成工作中，也有很大的用处。

4.2.3　字幕组

动画菜单中的字母组提供了 Animate Text（动态字幕）、Add Text Selector（添加文本选择器）和 Remove All Text Animators（取消所有的文本动画）功能（图 4-20）。

Animate Text（动态字幕）：可以给字幕添加各种动画属性（图 4-21）。

Add Text Selector（添加文本选择器）可以为文本添加随机动画等高级动画方式（图 4-22）。

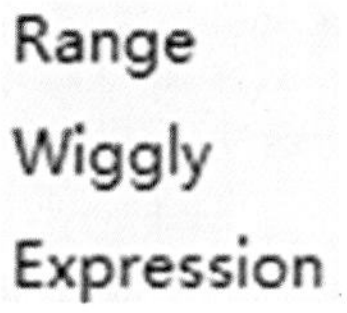

Remove All Text Animators（取消所有的文本动画）：可以删除对字幕制作的所有动画组效果。

Range
Wiggly
Expression

图 4-22

4.2.4　其他组

动画菜单中的其他组提供了 Add Expression（添加表达式）、Track Motion（运动追踪）、Reveal Animating Properties（显示动画属性）和 Reveal Modified Properties（显示修改过的属性）等功能（图 4-23）。

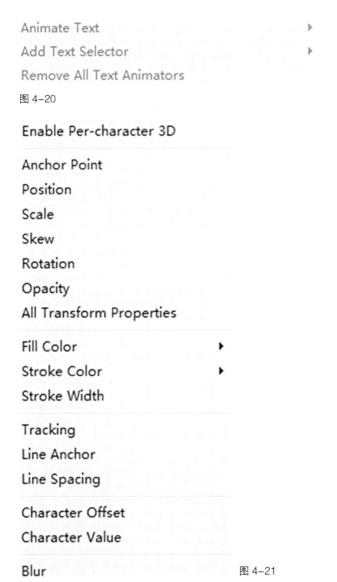

Animate Text　　　　　　　　　　▶
Add Text Selector　　　　　　　　▶
Remove All Text Animators

图 4-20

Enable Per-character 3D

Anchor Point
Position
Scale
Skew
Rotation
Opacity
All Transform Properties

Fill Color　　　　　　　　▶
Stroke Color　　　　　　　▶
Stroke Width

Tracking
Line Anchor
Line Spacing

Character Offset
Character Value

Blur

图 4-21

Add Expression　　　　　　　　Alt+Shift+=
Separate Dimensions
Track Motion
Stabilize Motion
Track this Property

Reveal Animating Properties　　　　　　U
Reveal Modified Properties

图 4-23

Add Expression（添加表达式）：可以增加表达式用于控制动画属性，在影视特效的合成中，表达式的使用非常频繁。

Track Motion（运动追踪）：可以对素材的某一个或多个特征点进行动态跟踪。

Reveal Animating Properties（显示动画属性）：能够在时间线面板中展开图层设置关键帧动画的属性。快捷键为 U，这是一个非常实用的指令，我们在对动画进行修正时会经常用到。

Reveal Modified Properties（显示修改过的属性）：能够在时间线面板中展开图层所有被修改过的动画属性参数。

4.3 表达式动画

对于动画控制来说，表达式控制是我们无法回避的一个非常重要的功能。表达式一方面使我们对于参数的变化和控制更加准确，同时利用表达式制作的动画能够产生带有神秘美感的动画效果。

有些时候，你只想从一个图层中复制一个参数，而不是一整套父子链接图层关系。例如，两个图层建立了父子链接，在利用父子链接建立的图层关系中，子层级会继承父层级的位置与旋转属性。而应用表达式建立的图层关系，子图层只会继承父层级的一个属性，而其旋转属性由于未被链接到旋转属性，所以该参数不会改变。

通过使用表达式你不用设置任何关键帧就可以为参数设置动画。

你可以使用表达式为存在的关键帧进行数学归纳管理，如增加随机效果、均衡关键帧数值使其变化幅度等。

当然，通常情况下使用其他方法可以实现的效果就不要使用表达式，AE 具有强大的工具和功能来实现各种各样的效果。例如，使用父子链接可以实现的效果就不需要再使用表达式。表达式功能的确很强大，但是它不是万能的，而且精心书写表达式后还要维护表达式。

4.3.1 表达式的概念

简单地说表达式就是为特定参数赋予特定值的一条或一组语句，最简单的表达式就是一个数值：8，或者类似的 Value*5；当然了，这种表达式的用处不是很大。常量通过调整参数的值来实现就可以了，像下面这种变量表达式用处会更大：wiggle（10，10）；当执行该语句时，AE 的表达式会自动将当前的参数在原有动画的基础上进行上下 10 点的随机抖动（图 4-24）。

更加复杂的表达式就需要一组语句进行描述了，这时我们就需要使用表达式语言来对我们想要获得的效果进行描述，当然，通常涉及相当多的函数运算（图 4-25）。

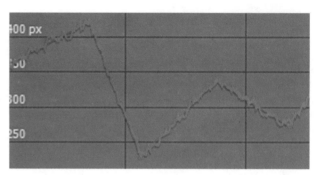

图 4-24

```
source_footage_name = "";
for (i = 1; i <= thisComp.numLayers; i++){
   if (i == index) continue;
   my_layer = thisComp.layer(i);
   if (! (my_layer.hasVideo && my_layer.active)) continue;
   if (time >= my_layer.inPoint && time < my_layer.outPoint){
     try{
       source_footage_name = my_layer.source.name;
     }catch(err1){
       source_footage_name = my_layer.name
     }
     break;
   }
}
source_footage_name
```

图 4-25

AE 中的表达式以 JavaScript 语言为基础，JavaScript 包括一套丰富的语言工具来创建更复杂的表达式，当然包括最基本的数学运算。深入了解 JavaScript 语言对我们使用 AE 表达式有很大的帮助，但是对 JavaScript 语言一无所知也没有关系，通过 AE 自带的辅助功能，也可以很快地上手使用，乃至熟练运用。

4.3.2 表达式的添加、控制和删除

有两种方法为选择的参数加入表达式，一种方法是在时间轴选择参数后，从 Animation 菜单中选择 Add Expression，快捷键 Alt+Shift+=；另一种方法是按住 Alt 键的同时，鼠标左键单击参数左边的码表，快速为参数加入表达式。

我们也可以用相同的方式来移除表达式。

加入表达式后，你会发现参数的表述方式发生了变化（图 4-26）。

首先，参数值变为红色，表示该参数由表达

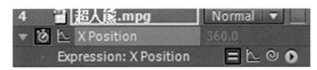

图 4-26

式控制，手动编辑该参数将失效。

其次，在参数名称的下侧多了一个 Expression：X Position（根据参数不同而变化）的说明，表示该参数由表达式参与控制。

再次，在参数名称的右下方增加了并排的四个图标（稍后讨论）。

最后，在时间轴中增加了一个表达式编辑区域，该区域可以通过下拉箭头来改变显示范围（图4-27）。

单击 图标，可以控制表达式是否起作用。

单击 图标按钮会在时间轴窗口中打开表达式的变化图表，从中你可以观察到参数值的变化曲线和参数变化的加速度。如果表达式影响到元素的运动路径，那么合成窗口中显示的路径曲线也会发生变化（图4-28）。

 图标按钮是拾取线，一个辅助书写表达式的工具，只需要简单地将拾取线拖动到另一个参数上面，就可以将该参数加入到表达式的书写之中。

 按钮是表达式结构的下拉菜单，使用该菜单可以方便地参考 AE 的表达式语言，使用该菜单可以清晰地看到表达式所影响的属性和元素。

这其中，拾取线是我们制作和编辑表达式的最常用的方式。而拾取线最常用的方式则是直接将另一个参数的动画赋予当前参数。使用拾取线可以方便地建立参数间的连接表达式（图4-29）。

这种方式的典型应用就是图层参数的拾取。例如，为 A 图层的 X 坐标变化添加表达式，并拾取 B 图层 Y 轴坐标参数动画，就可以将 A 图层 X 坐标和 B 图层 Y 坐标的变化关联起来，我们只需

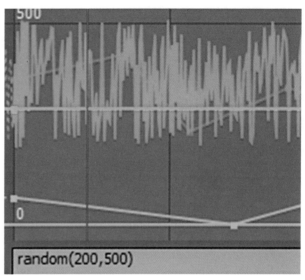

图 4-28

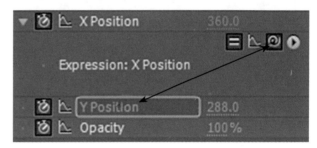

图 4-29

对 B 图层 Y 轴坐标制作动画，即可同步影响 A 图层 X 轴坐标的变化，这就比简单的父子关系更加灵活和多变（图4-30）。

而我们在书写表达式时，拾取线也很有帮助。例如，还是为 A 图层的 X 坐标变化添加表达式，希望将 B 图层的 Y 轴坐标与 X 轴坐标相减。那么，可以先拾取 B 图层的 Y 轴坐标，继而在表达式的编辑区域，输入"−"（减号），然后再用拾取线拾取 B 图层的 X 轴坐标，那么表示 B 图层 X 轴坐标的文字就出现了，按小键盘的回车键或者点击空白处完成表达式的编辑，我们就获得了想要的动画曲线（图4-31）。

transform.xPosition

图 4-27

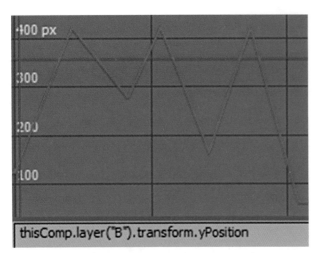

图 4-30

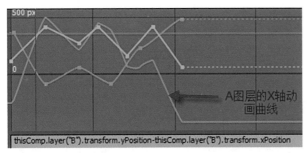

图 4-31

从的方式，以"."连接。

　　例如，图层 B 的 X 位置坐标。首先描述最高级别的项目 Comp（""），引号内为 Comp 名称，如果是本项目，则为 thisComp。接下来以"."连接，到下一级别的 Layer（""），引号内为图层名称。再以"."连接，接下来为参数描述，X 位置坐标位于 transform 属性内，故而为 transform. xPosition。这样，加在一起为 thisComp.layer（"B"）.transform.xPosition。当然这时默认为当前时间，我们可以再在后面添加时间因素，例如 ValueAtTime（time-2），即应用该参数 2 秒之前的数值（图 4-32）。

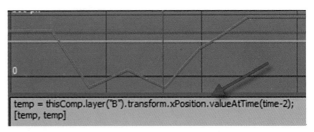

图 4-32

　　当然，拾取线仅仅起到自动将连接的参数的文字表达添加到表达式文本区。我们也可以亲自手写表达式，但是这种方式远远不及拾取线方便准确，特别是当需要编写较复杂的表达式时，拾取线的高效快捷更是体现得淋漓尽致。

　　表达式结构下拉菜单在功能上与拾取线有些接近，是方便我们书写表达式的得力工具。我们可以直接从中调用内置好的语句，进行略微的修改即可应用，当然，这就需要我们对于表达式的书写有一定的了解。

4.3.3　书写表达式的方式

　　表达式是对不同属性的参数进行处理来获得动画结果的，可以直接引用，也可以使用函数进行计算，或是通过语言进行判定等，那么我们首先要做的就是在表达式中描述出这些属性参数。

　　描述这些参数，遵循的是由大到小，由主到

　　并不是所有的参数都可以通过拾取线获得，例如 Comp 的宽和高、时间等，这些都可以参与到计算之中，那么我们在书写表达式时如何知道哪些参数可以使用呢，这就是表达式结构下拉菜单的作用了。

　　例如，我们想知道 Comp 之后可以有哪些选择，可以点击下拉菜单按钮，找到 Comp 组进行查看，也可以点击某个选项获取词汇，我们只要稍加修改即可（图 4-33）。在表达式结构下拉菜单中，Global 栏里是最高级选择，我们可以从这里开始书写。

　　AE 的表达式是基于 JavaScript 语言的，想要深入了解和使用 AE 的表达式功能，可以去查看 JavaScript 的使用方式，例如定义函数、书写命令行等，这几乎需要另写一本书，在这里就不赘述。我们在这里讲解表达式的使用方式，是希望能够解放合成师的思想，拓宽其能力，仅仅讲解一下

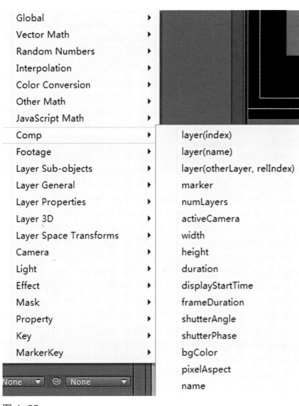

图 4-33

简单表达式的书写规则：

• 每一行表达式以"；"结束。

• 我们可以用"＋、－、＊、／"等数学运算符号连接各个参数。

• 赋值号"＝"可以用来定义新的变量，以便更加方便地书写。在这里"＝"并非判定性符号，而是动作性符号。

• 当前添加表达式的参数不需要特意写出来，表达式的最后一行，就是用来给该参数赋值的。例如位置参数，只需要在表达式最后一行添加 [a，b] (a，b 位置前表达式所获得的结果) 即可。

• 一句表达式控制一个参数，因为一句表达式仅连接在一个参数上，它仅将值赋予该参数。例如，你不可以使用一句表达式来同时修改一个图层的位置和旋转值；你只有创建两个区分开来的关键帧，一个连接到位置属性上，另一个连接到旋转属性上。

例如，将图层 A 的 X 轴坐标给到图层 C 的 X 坐标上，图层 A 的 X 轴坐标与图层 B 的 Y 轴

坐标给到图层 C 的 Y 坐标上，可以在图层 C 的 Position 参数添加如下表达式：

x = thisComp.layer ("A") .position[0]；

y = thisComp.layer ("B") .position[1]；

[x，x+y]

在表达式的书写中，我们需要处理的参数类型有很多，而引用方式也会发生相应的变化，乃至我们可以定义一个全新的变量并利用它来完成计算。

4.3.4　维数、向量、阵列和索引

有时候你会发现通过拾取线创建的表达式看上去好像在重复参数。例如，如果你将位置参数的拾取线拖动到旋转参数上，你就会得到如下表式：

[rotation，rotation]；

因为位置属性有两个参数 (X、Y) 坐标，而旋转属性只有一个参数，建立连接关系后，表达式自动将旋转参数应用两次，分别赋予位置属性的 X、Y 坐标参数。

由两个或三个数值来描述属性的参数组叫做向量或阵列，AE 中很多的属性参数是向量式的，包括位置、轴心点和缩放等属性；与阵列对应的用单个数值来描述属性的参数叫做标量式参数。

向量与阵列：向量是阵列的一种特殊类型。简单地说向量是既有大小又有方向的数字阵列，其运算结果既要考虑到大小又要考虑到方向；阵列是一套独立元素的组合，阵列中可以包含任何元素，可以是物体阵列、词汇阵列或者是混合阵列，例如：

A=[10，myArray，"bob"]；

也许没有人会知道上面的这种阵列会有什么用处，但是它确实是一个正确的阵列，当然在 AE 中我们大部分时间内遇到的是数字阵列 (也叫向量)。所以，在接下来的描述中，当谈论到通用的概念和操作应用时，我们使用阵列来描述；当涉及特殊的数字阵列时我们用向量来描述。

索引：对于阵列来说，你可以使用阵列名加上包含数字的中括号从阵列中提取需要的单一元

素，例如：position [0]。这种表达方法叫做索引。

注意在阵列中使用索引调用元素时，必须从 0 开始计数第一个元素。所以，上面的表达式就返回位置属性向量中的第一个参数：X 坐标；那么 position[1] 就返回位置属性中的 Y 坐标，在 AE 中当使用索引时，从 0 开始计数。

例如，为 Position 参数输入如下表达式：

y = position[1]；

[9，y]

则该参数的 X 坐标被强制为 9，而 Y 坐标的动画不变（图 4-34）。

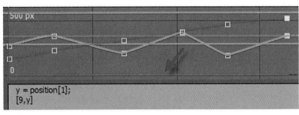

图 4-34

这一则表达式可以用 [9，position [1]] 表达，这样更加简略一些，涉及较为复杂的运算时，这种方式就简便多了。

建立阵列：如果要建立阵列，可以将数值以逗号分隔开放入中括号中，例如：

myArray=[10，20，30]；

该表达式的意思是将一个三维数组赋予变量 myArray，该数组中包含三个元素分别是 10，20，30。

维数：阵列中的元素个数代表阵列的维数，例如上面的 myArray 是一个三维数组，位置属性是一个二维数组或三维数组（转变为三维图层）。标量式的属性如旋转和不透明度属于一维数组（准确地说单一数字或者标量数值就是一维向量，表4-1）。

当涉及三维图层的结构时要特别注意，如果将图层设置为三维图层，就需要重新书写表达式，将位置与轴心点 Z 轴考虑进去。AE 会自动将丢失的 Z 轴设置为 0,这当然比出现程序错误要强的多，

表 4-1

维数	属性示例
1	Rotation° Opacity %
2	Scale [x=width, y=height] Position [x, y] Anchor Point [x, y] Audio Levels [left, right]
3	Scale [width, height, depth] 3D Position [x, y, z] 3D Anchor Point [x, y, z] Orientation [x, y, z]
4	Color [red, green, blue, alpha]

但是所得到的结果未必是我们需要的，因为表达式将忽略轴心点的 Z 轴坐标的变化。

4.3.5 数学运算、函数和语句

在表达式的数学中，函数以及数学运算是非常重要的组成部分。

先说一下数学运算。在我们控制参数变化时，经常需要多个参数参与运算才可以得到，这就需要我们自己手动将这些参数用数学符号连接起来。

例如，将图层 C 置于图层 A 与图层 B 之间，我们可以为图层 C 的 Position 参数书写如下表达式

(thisComp.layer（"A"）.position + thisComp.layer（"B"）.position）/2

这样我们就获得了一个互动的效果，无论调整 A 图层的位置或者 B 图层的位置，C 图层都会跟着运动。

我们也可以提供更加复杂的效果，

例如，为图层 1 制作运动拖尾效果。我们可以复制图层 1，命名为图层 2，为其 Position 参数添加表达式：

thisComp.layer（thisLayer，-1）.position. valueAtTime（time - .5）

为其 Scale 参数添加表达式：

thisComp.layer（thisLayer，-1）.scale-[5，5]

为其 opacity 参数添加表达式：

thisComp.layer（thisLayer，-1）.opacity-5

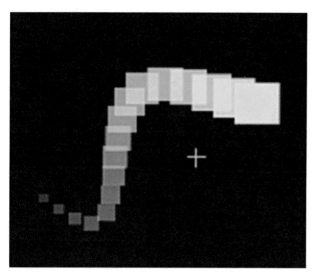

图 4-35

这样，我们就可以为图层 1 制作动画，然后按 Ctrl+D 组合键复制图层 2，我们就获得了一个拖尾效果（图 4-35）。

在这里特别强调一下，有时候你需要调整当前参数值以匹配目标参数。例如，在我们使用图层的旋转属性来控制图层的不透明度属性时，会发现当旋转属性达到 100 度时，不透明度属性就达到了上限，但是我们想要的效果是当图层完成一个周期的旋转时其不透明度回到原来的值，我们就需要调整参数范围以达到我们的需要。

缩放参数范围值的方法很简单，还是使用上面的例子来说明，我们需要将旋转参数的范围（0 ~ 360）缩放到不透明度参数的范围（0 ~ 100），所以我们就需要为不透明度加上表达式：

rotation ／ 360*100

从而就达到了我们需要的效果，不透明度在 0 ~ 360 度范围内变化。

手动书写或者计算出我们想要的式子是很有成就感的，但是有很多的运算是无法通过简单的四则运算得出的，这就需要用到函数。

函数的概念大家并不陌生，对 Javascript 语言比较熟悉的话可以自己定义函数。不同的函数拥有不同的变量，我们要做的仅仅是了解这些变量的含义并输入相应的信息。

例如 linear（t, tMin, tMax，value1，value2）

这些语句看起来很复杂，因为语句中包含很多参数：t。t 在这里代指的某一个参数变量。该参数必须是一维的，该参数为必选参数。tMin 表示当前参数范围的下限，该参数为可选参数，如果参数范围的下限或上限被忽略掉了，那么 AE 会将参数的范围定义在 0 ~ 1 之间。tMax 表示当前参数范围的上限，该参数为可选参数。value1 表示目标参数范围下限，当 $t \leqslant t\_min$ 时，表达式返回该值，该值可以是一维标量也可以是二维向量，与 value1 的维数相同，该参数为必选参数。value2 表示目标参数范围上限，当 $t \geqslant t\_max$ 时，表达式返回该值，该值既可以是一维标量也可以是二维向量，但是如果该值与 value1 的维数不同，AE 会自动以 value1 值为标准进行匹配，该参数为必选参数。

通过下面的例子让我们来了解一下该语句的含义：

linear（time，0，5，0，360）；

通过上面的学习，我们应该将这个语句理解为，时间的变化范围是 0 ~ 5，目标参数的范围是 0 ~ 360，整个变化过程是线性的。如果将该表达式应用到图层的旋转属性上，那么你会发现图层在前 5 秒内完成了一周的旋转。

应用该表达式后，图层在第五秒停止旋转，这就是与我们前面介绍的直接手写公式 time/5*360 最大的区别，函数自动在当前参数与目标参数之间采样范围极值。

关于函数的具体含义，可以参看帮助文档的 Expression language reference 部分，或者在网络上寻找范例资料，我们在这里就不一一解说了。

函数和数学运算仅仅是对于数字的处理，我们可以通过语句进行逻辑判断，从而获得更加丰富的效果。

例如，我们希望通过图层与摄像机之间的距离来判定图层的不透明度，则可以在图层的 Opacity 参数添加如下表达式：

startFade=500；

endFade=1500；

try｛　C=thisComp.activeCamera.toWorld
([0，0，0])；

｝catch（err）｛w=thisComp.width ＊
thisComp.pixelAspect；

z ＝（w/2）/Math.tan（degreesToRadians
(19.799))；

C ＝ [0，0，−z]；

｝

P ＝ toWorld（anchorPoint）；

d ＝ length（C，P）；

linear（d，startFade，endFade，100，0）

这样，当图层距离摄像机距离小于 500 时，不透明度则为 100；距离大于 1500 时，不透明度则为 0。没有摄像机的话，则为默认的 50mm 摄像机的参数，中间的部分正是这一判断的说明。

关于此部分，请参阅 Javascript 相关书籍。

表达式的运用还有很多有用的技巧，可以帮助我们获得绚丽、神秘的效果。大家可以参看软件帮助手册以及网络上的案例资料进行进一步的学习。

小结：

本章我们学习了如何制作和控制动画效果。动画的控制是合成的一个非常重要的环节，而想要制作好动画，关键是锻炼对动作的感觉，不仅仅是技术上的提高。当然，使用表达式等手段来制作复杂动画也是一个方向。

实时训练题：

1. 利用动画曲线，制作一段图形动画，要求里边要有匀加减、速运动，并配上文字的动画。

2. 利用表达式修改题目 1 要求做的动画，看看哪些动画可以用表达式来做。

第 5 章　蒙版与键控

蒙版，顾名思义，就是用一个"板子"蒙住，将多余的不需要的画面挡住，而使有用的画面留下来，也可以称之为遮罩。在实际的特效合成制作中，蒙版可以说是最常用也最基本的手段，甚至可以说，特效合成就是从蒙版技术开始的。

对于刚刚学习影视后期制作的学习者来说，对于后期制作可能会有很深的技术憧憬，好像只要掌握了技术，可以三下两下就将特效镜头制作出来。但在实际制作中，却往往不是这样。特效合成主要做的工作就是对选择的区域进行操作，不管是对二维图片后期制作，还是影视后期制作，蒙版绘制才是最基本、最常用的一门技术，逐帧的绘制蒙版往往是最多的工作，也就是行业内常说的"Roto"。

本章将介绍蒙版绘制的基本手段，同时也介绍一种针对蓝色、绿色等特殊背景下拍摄的素材，通过特效滤镜来获得蒙版的技术——键控技术。

键控技术是获得蒙版的常用技术。"键控"的英文是"Key"，通常我们会用更加形象的"抠像"来指代键控技术。抠像这份工作比较特殊，它几乎没有软件平台的限制。一方面，大多数抠像工具都可以以第三方插件的形式跨平台使用，例如：Keylight、Primatte 等工具在其他诸多的后期软件中都有相关的接口。另一方面，且大部分实用的抠像工具的功能与抠像效果都已经发展成熟，所以新手抠像效果不好往往是对其使用的工具思路不清晰造成的。因此，本章在讲解工具如何使用的同时还着重介绍了工具的原理。

5.1　Roto 技术的由来

在讲述蒙版的制作和使用之前，先来讲述一下 Roto（Rotoscoping 的缩写）的由来。

5.1.1　Rotoscoping 简介

Rotoscoping 是一种动画家用来逐帧追踪真实运动的动画技术。这种技术最早是把预先拍好的电影投放到毛玻璃上，然后动画家将其描绘下来。这个投影技术被称为 Rotoscoping。

目前这种逐帧绘制图画的技术广泛应用于影视创作中，并且演变出了更多的工具和技巧，Rotoscoping 及其相关的功能已经成为各个后期制作软件所不可缺少的一部分。

Roto 技术随着 Nuke、Flame、Mocha、Digital Fusion、After Effects 等这些数码工具的发展而发展。完全掌握 Roto 节点技术的数码大师，能够制作出更好的实景真人与 CG 等元素合成的视觉特效。下面我们简要介绍一下这项技术的发展史和一些工具。

5.1.2　Roto 技术的发展历程

5.1.2.1　费雪兄弟工作室时代

Rotoscoping 最早由马克思·费雪（Max Fleischer）约在 1914 年发明。他把这项技术用在了他的系列片《逃出墨水池》（Out of the Inkwell）当中，他的哥哥戴夫·费雪（Dave Fleischer）身穿小丑服扮演了电影动画脚本中小丑可可的角色（图 5-1）。

弗雷歇尔在他后来的卡通中也使用了 Rotoscoping 的技术，

图 5-1

著名的有 1930 年代早期的三部《贝蒂娃娃》(Betty Boop)卡通中的 Cab Calloway 舞蹈动作,以及《格列佛游记》中格列佛的动画。他和他哥哥在 1920 年早期一起创建了费雪兄弟工作室,制作的动画比起他们的对手迪士尼工作室有较少的感性的动画视觉。

费雪在 1920 年纽约时报对他的访谈中提到:艺术家就是坐下来,在头脑中构思一个角色,然后把角色画下来,让它变成动画。要是他想让角色的一只手臂动起来,他只需要多画几次角色,并且把需要在屏幕上展示的手臂动作的必要位置画出来。但是有可能最终的效果比较机械、不自然,那是因为角色身体的位置可能和现实生活中真人的动作不匹配。只有加以想象力,一个艺术家才能得到和现实相关的动作。

Rotoscoping 能让艺术家从一个已拍摄的图片中得到一些指导,让他们做出想要的更加优美和逼真的屏幕动作。

5.1.2.2 迪士尼时代

在 20 世纪 30 年代,费雪和沃特·迪士尼一直在竞争,竞争做第一部有声动画、第一部彩色动画、第一部故事动画片。但是费雪总是屈居第二,那是因为他们的派拉蒙工作室不能提供给他们所需要的支持。

在制作《白雪公主》的时候,沃特·迪士尼也采用了 Roto 技术。那时,费雪想要起诉沃特·迪士尼侵犯了他的专利权,但是他的律师调查发现,在费雪申请这个专利之前,有一家名为 Bosworth 的公司早就有了类似于 Roto 节点技术的设备,但是没有注册过。所以费雪还是有权起诉沃特·迪士尼公司,但当费雪听说这件事的时候,他就对起诉没了兴趣。

沃特·迪士尼和他的动画制作家们很仔细和有效地把 Roto 技术运用到了他们 1937 年的电影《白雪公主和七个小矮人》中。Roto 技术也被用在了迪士尼后来很多具有人类角色的电影中,比如《灰姑娘》。后来,迪士尼动画变得越来越风格化。例如,1961 年的电影《101 斑点狗》,Roto 技术主要用来

制作人物和动物的运动,而不是直接描摹制作电影。

Roto 技术被广泛运用到了中国的第一部动画电影——1941 年的《铁扇公主》当中。这部电影在中国的抗日战争中艰难地上映。

5.1.2.3 Roto 技术基本成形

从 1940 年到 1960 年,知名动画师乌布·伊沃克斯转向特效工作,开始在希区柯克的《群鸟》中使用 Roto 技术(图 5-2)。

图 5-2

视觉特效中的 Roto 技术主要是用于制作蒙版。Tom Bertino 是"工业光魔"的 Roto 技术部门的部长,他说:"……会经常想要把不同的元素合成到一个镜头,通过使用 Roto 技术可以制作黑色蒙版,就能保留特定元素。"

这一阶段的 Roto 技术可以使不稳定的影像稳定。对图片的每一帧进行 Roto,填到计算图表中。通过图表的对比,可以对位置的变化进行帧到帧的追踪。通过这个信息,就能用打印机弥补每一帧动作的移位,得到影片的光学拷贝。

5.1.2.4 数字 Roto 技术

现在 Roto 工作是在电脑上使用像 Nuke、Flame/Smoke、After Effects 这些软件完成。这种基于计算机的 Roto 技术开始于 1990 年代早期,类似于 Photoshop 图片编辑工具的 Colorburst 开始了这个开端,后来升级为 Matador 程序。在《终结者 2》、《侏罗纪公园》等影片之后,艺术家们发

现使用计算机能够更简单地实现这个功能。

今天一个 Roto 工程师能够做以前八个 Roto 工程师的工作量，并且只要四分之一的时间。这是因为传统的 Roto 工作需要每个人做一帧，而现代电脑可以把以前的帧作为基础，也就是说省掉了许多重复性的工作。

5.2　基本的蒙版绘制技术

蒙版绘制技术作为最基本的特效合成技术，其制作和控制都是很简单的。

5.2.1　绘制蒙版的工具

首先了解一下绘制蒙版的工具，也就是工具栏的基本几何形状工具和钢笔工具。

5.2.1.1　几何形状工具

基本几何形状工具可以绘制五种基本的几何形状，分别是矩形、圆角矩形、椭圆形、多边形和星形，这些几何形状既可以作为图案，也可以作为蒙版出现，快捷键 Q 键，连续按 Q 键可以切换这些工具，但是一般来说，用得最多的还是矩形工具和圆形工具（图 5-3）。

图 5-3

绘制蒙版需要首先选择需要蒙版的图层，如果没有选择图层，软件会默认为在绘制几何图形。

选择好图层后，就可以在 Composition 窗口进行绘制了。基本几何形状工具的使用都是相同的，就是鼠标左键按住拖拽。以矩形工具为例（图 5-4），蒙版形状由起始点和终点控制，蒙版由控制点和连接曲线构成，是一个闭合的多边形曲线。绘制好蒙版后，蒙版范围内的画面被留下，而蒙版外侧会变透明。

图 5-4

图 5-5

基本几何形状工具本身不具备编辑已有蒙版的功能，如果切换到其他工具的话，继续在 Composition 窗口点击会开始新的蒙版的绘制。每绘制一个蒙版都会在时间线的图层的属性中出现一个蒙版，这是控制蒙版参数的主要途径（图 5-5）。

而蒙版的绘制往往不是这么简单，我们很难通过几个几何图形来构架所有的蒙版，而像圆形工具这种工具也很难一次性地绘制准确，这就需要其他工具的配合。

5.2.1.2　选择工具

选择工具是调整蒙版的第一个手段。在绘制好一个蒙版图案后，按快捷键 V 键切换到选择工具。

此时蒙版的四个控制点是默认被选中的，鼠标移动到控制点或者曲线上都会变为黑色箭头形状，此时鼠标左键按住拖拽可以改变蒙版的整体位置（图 5-6）。

图 5-6

当鼠标在其他位置时，会显示为▷形状。此时鼠标在任意位置单击，都会取消蒙版的被选中状态。这时鼠标回到蒙版的控制点和曲线上时，还会切换到黑色箭头形状，此时鼠标按住左键拖拽可以改变鼠标所选择的控制点或曲线的位置（图5-7）。

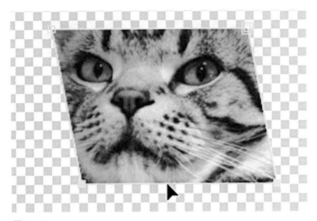

图5-7

注意，鼠标单击空白处，是取消选择的常用手段。但这个取消是个循序渐进的过程，单击一次，退出蒙版的选择状态；再单击一次，就会退出图层的选择状态。

鼠标左键在控制点或者曲线位置双击，可以对蒙版进行整体控制（图5-8）。此时可以对蒙版进行位移、缩放和旋转。按Esc键或Enter键结束。

图5-8

注意，如果选择了数个控制点，那么鼠标左键在控制点双击，则会进入对这几个控制点的整体控制模式（图5-9）。

选择工具可以配合键盘的功能按键来切换不同的功能。

按Shift键，同时鼠标左键单击，可以选择一个新的对象，或者取消选择一个对象，这也是After Effects中快捷键Shift的常规功能。当需要同时控制数个控制点时，就需要这个功能，也可以用鼠标圈选数个控制点，然后按Shift键进行精确选择。

按Alt键，同时鼠标左键单击，会选择全部的控制点，也就是整个蒙版。如果再同时按住Shift键，则可以在全选和取消选择之间切换。

按Ctrl+Alt键，同时鼠标左键按住一个控制点拖拽，会拽出控制点的控制勾柄（图5-10）。通过这两个勾柄，就可以将蒙版的形状进行更细致的控制。勾柄的控制，采用的是通用的贝塞尔曲线的形式，勾柄的角度控制曲线的变化角度，勾柄的长度控制曲线的曲率。

按Ctrl键，同时鼠标左键按住一个控制点的勾柄，可以将两个勾柄的锁定打开，使特效师可以分别控制两个勾柄，从而更加准确地控制蒙版的形状（图5-11）。也可以同时按住Shift键，使勾柄的角度固定在45°、90°等特殊角度。

按Ctrl+Alt键，同时鼠标左键单击一个控制点，那么，这个控制点和当前所有被选择的控制点会自动展开各自的勾柄，曲线形状变成软件计

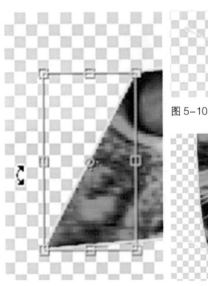

图5-10

图5-9   图5-11

图 5-12

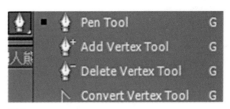

图 5-13

算出的平滑性状（图 5-12）。再次单击会收回勾柄。

按 Ctrl+Alt 键，同时鼠标移动到曲线上，鼠标指针会变成添加控制点的钢笔工具，此时可以为曲线添加控制点。而选中的控制点，可以使用 Delete 键删除。

选择工具对于蒙版形状的控制是相当灵活的，几乎照顾到了方方面面，但很多时候蒙版针对很复杂的画面，这时就需要钢笔工具来直接绘制出精确的蒙版。

5.2.1.3　钢笔工具

使用钢笔工具可以绘制各种自定义的路径，包含了钢笔工具、添加控制点工具、删除控制点工具、调整控制点工具（图 5-13）。钢笔工具的快捷键是 G 键，连按 G 键可以在这几个工具之间切换。

在工具栏面板中选择钢笔工具，然后在 Composition 窗口中单击鼠标左键，可以绘制第一

个控制点，如果按住鼠标左键拖拽，会拉出这个点的控制手柄，并改变其长度和方向，确定操作后再释放鼠标左键即可。然后找到下一个位置绘制下一个控制点，直至勾勒出完整的图案。

绘制曲线时，经常需要对控制点两个勾柄进行分别控制，此时按 Ctrl 键同时进行勾柄的控制操作，可以将两个勾柄的锁定打开。也可以同时按住 Shift 键，使勾柄的角度固定在 45°、90° 等特殊角度。

注意，蒙版属于闭合曲线，最后需要完成曲线的闭合，也就是连接上第一个控制点（图 5-14）。

完成蒙版的绘制之后，鼠标移动到控制点时，会变成黑色箭头形状，此时可以左键单击选择控制点，并移动控制点的位置或按 Delete 键删除。移动到曲线上时，会自动切换到添加控制点工具（图 5-15）；而按住 Ctrl 键并移动到控制点位置，会自动切换到删除控制点工具。

按住 Alt 键同时鼠标左键单击控制点，可以将控制点的勾柄展开，使曲线平滑，再次单击会收回勾柄，变成锐利的角。也可以通过双击鼠标进入整体控制模式（图 5-16）。这一系列的操作与选择工具的操作基本相同。

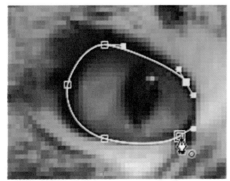

图 5-14

图 5-15

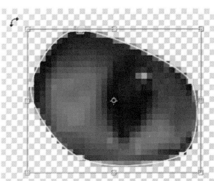

图 5-16

5.2.2　蒙版的属性控制

绘制好的蒙版会自动出现在时间线上图层的属性参数中。可以按快捷键 M 键快速调出（图 5-17）。

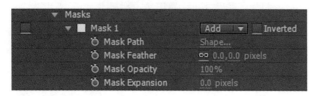

图 5-17

5.2.2.1　蒙版的基本参数

图层的蒙版都在其属性参数的 Masks 中，并根据绘制的先后顺序用数字命名。如果需要的话可以选择某一个 Mask 后，按 Enter 键进行重命名。

一个蒙版的基本参数有四个，分别是 Mask Path（蒙版形状）、Mask Feather（蒙版羽化）、Mask Opacity（蒙版透明度）、Mask Expansion（蒙版扩展）。

1.Mask Path

Mask Path，控制蒙版的形状。单击 Shape 按钮，会弹出 Mask Shape 窗口（图 5-18）。这个窗口可以控制蒙版的整体形状，或者将其转换为矩形或圆形。

Mask Path 更多的是用来打开蒙版动画的记录关键帧功能，同时也是时间线上显示蒙版动画关键帧的参数，而真实的关键帧动画是在 Composition 窗口手动完成的。

2.Mask Feather

Mask Feather，控制蒙版的羽化程度。蒙版的羽化就是在蒙版的形状的基础上，向内或向外展开半透明的过渡（图 5-19）。实际上，除了边缘坚硬的固体，很多蒙版都是需要一些羽化的。

羽化的数值默认是锁定的，解锁后可以设置横向和纵向不同的羽化程度。

3.Mask Opacity

Mask Opacity 控制的是蒙版在画面中的透明

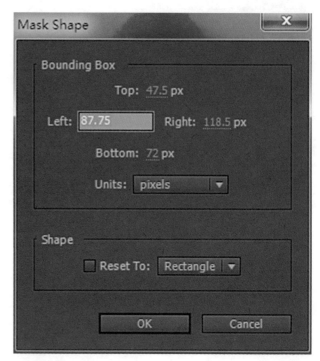

图 5-18

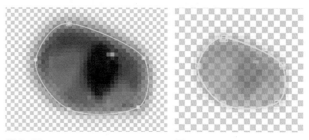

图 5-19　　　　　　　　图 5-20

程度，如下为 50% 透明度的蒙版（图 5-20）。

4.Mask Expansion

Mask Expansion 是在蒙版基本形状的基础上向内或者向外扩展的参数。这个操作通常仅限于几个像素，是对蒙版的微调。如果数值过大，这个操作会使蒙版趋近于平滑。

5.2.2.2　蒙版的其他控制

蒙版本身还有几个控制按钮和属性，分别是蒙版锁定、蒙版颜色、蒙版叠加模式和蒙版反转。

1.蒙版锁定

蒙版锁定，顾名思义，就是将制作好的蒙版暂时锁住，防止误操作，也防止其他操作影响到该蒙版（图 5-21）。

图 5-21

2. 蒙版颜色

蒙版颜色控制的是蒙版的显示颜色，对于合成的图像没有影响，但是能够很好地帮助区分不同的蒙版，是很好的辅助功能。单击蒙版名称前的色块即可选择一个颜色（图 5-22）。

3. 蒙版叠加模式

蒙版叠加模式是多个蒙版协作的重要参数。蒙版叠加模式主要有 5 个，分别是 None（无）、Add（加）、Subtract（减）、Intersect（交）、Lighten（变亮）、Darken（变暗）、Difference（差异，图 5-23）。

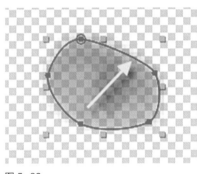

图 5-22　　　　图 5-23

（1）None（无），也就是没有，选择此模式，蒙版就相当于不起作用。

（2）Add（加），加法模式，增加该蒙版区域为显示区域。默认情况下，蒙版的叠加运算是从零开始的。所以第一个蒙版一般都是 Add 模式，默认的蒙版叠加模式也是 Add 模式。

（3）Subtract（减），减法模式，该蒙版区域不予显示。减法模式通常是将打的蒙版的内部不需要的部分扣除掉。

（4）Intersect（交），蒙版区域与已有的显示区域重合的部分继续显示，其他部分都不显示。

（5）Lighten（变亮），类似于 Add 模式，但与已有显示区域重叠的部分，会选择透明度较高的蒙版的透明度数值。

（6）Darken（变暗），类似于 Intersect 模式，但与已有显示区域重叠的部分，会选择透明度较低的蒙版的透明度数值。

（7）Difference（差异），蒙版区域与已有的显示区域重合的部分不予显示，不重合但在蒙版内的部分继续显示。

如图 5-24 所示，为 7 个蒙版的相互叠加，其显示的画面如图 5-25 所示。而实际制作中，叠加模式并不会应用得如此之多，通常是数个蒙版通过 Add 模式叠加在一起，偶尔使用 Subtract 模式，特效制作的理念是尽可能规避复杂的逻辑关系，而不怕繁杂的操作。

4. 蒙版反转

蒙版反转是个选择按钮，选择后该蒙版的显示区域会调转过来。蒙版反转与蒙版叠加模式混

图 5-24

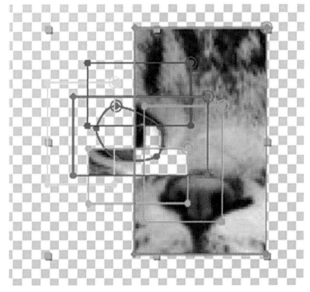

图 5-25

合使用时，需要认真处理好其中的逻辑关系。

5.2.3 蒙版相关的指令

蒙版相关的指令主要集中在 Layer 菜单中。我们在第 2 章简单地介绍了一下，现在再看，会发现大部分指令的效果都已经不需要菜单操作就可以快速实现了。

5.2.3.1 Mask 命令组

Mask 命令可以对遮罩进行操作及基本设置。

New Mask 命令会自动建立一个包含整个图层的蒙版，然后再对这个蒙版进行编辑，快捷键是 Ctrl+Shift+N 组合键，有快捷键的操作有时候还是很方便的。

Mask Shape、Mask Feather、Mask Opacity、Mask Expansion 四个指令会调出各自的数值控制窗口。

Reset Mask：重置蒙版。

Remove Mask：删除蒙版。

Remove All Mask：删除全部蒙版（本图层）。

Mode：设置蒙版叠加模式。

Inverted：反转蒙版。

Locked：锁定蒙版。

Motion Blur：设置蒙版的运动模糊，这是针对图层运动时，如果打开了图层的运动模糊选项，蒙版的处理方式的选择。一般选择默认的 Same As Layer，就是与图层的设置一致。

Unlock All Masks：解锁全部蒙版。

Lock Other Masks：此蒙版之外的蒙版全部锁定。

Hide Locked Masks：隐藏已锁定蒙版。

5.2.3.2 Mask and Shape Path 命令组

Mask and Shape Path 命令可以设置遮罩路径的形状，控制是否闭合路径和设置路径的起始点（图 5-26）。

图 5-26

RotoBezier：使用贝塞尔平滑，默认关闭，打开后曲线自动使用贝塞尔平滑，无法使用勾柄精细控制。

Closed：是否闭合。

Set First Vertex：设为初始控制点。

Free Transform Point：进入整体控制模式，快捷键 Ctrl+T 组合键。

5.3 键控

键控是获得蒙版的又一个重要手段。

键控技术是当前应用非常广泛的特技技术之一，相对于 Roto 而言，键控更加的快捷和简便，如果素材本身质量足够好的话，键控获得的 Alpha 通道要更加的准确和细致。

在使用键控技术时，首先需要注意的就是前期拍摄的把握，尽可能获得足够好的拍摄环境和拍摄质量，同时也需要注意适当的规避键控的色彩干扰。虽然当前的各种拥有键控功能的软件提供了各种各样的强大的工具，但是，素材本身的信息却是难以通过自动化的手段弥补的。

使用键控技术还需要注意其使用的对象，对于刚体、流体、毛发、反射、运动模糊等需要采用不同的手段。有一点需要注意的是，并不是所有的素材都能够只通过键控来完成，配合 Roto 和颜色控制工具可以更好地完成任务。

5.3.1 键控的相关理论

键控作为几乎完善的影视特效制作技术，其常用的工具、功能乃至界面布局等都已经基本成型，而最新的键控技术更多的是在算法和筛法上进行优化。但即便如此，我们还是要认识到，键控并不是万能的，优秀的软件，能够获得优秀的自动计算的结果，剩下的任务，需要我们去一点一点的雕琢。

5.3.1.1 早期的键控技术

最开始，键控技术（严格来说，此时还不算键控技术）包含了摄影过程，例如对同样一张胶片的简单的多重曝光。后来发展到手工技术，也就是直接在胶片上的物体周围手绘不透明的液体，这是 Rotoscoping 技术的先驱，但是这项工作耗时耗力，很难执行。

接下来更多人开始从摄影角度和光学角度研究怎样使用光化学原理实现键控技术的自动化。研究先驱们发现膜化学（Film Chemistry）能提供一些感光层、乳胶层（Emulsion Layers），使用化学方法能用颜色把这个感光层孤立，所以如果拍摄一个特定颜色背景下的物体，就能自动生成这个物体的蒙版。此时使用最成功的颜色是蓝色，所以蓝色就成为了给照片配背景的最普遍的颜色。

把图像合成到照相胶片上，也就是"光学合成"的最基本的原则，这一点其实和现在的数字合成很相似。

这个时候的键控操作是相当复杂的。并且一旦底片受到光照，光照一直增加底片就会完全曝光，而且这些都是物理操作，稍有失误就难以恢复。

这只是合成的最基本的要求和细节，这些操作最终的目的在于得到一个逼真的合成品。要让观众相信合成品就像是在同一时间的同一张胶片上曝光的，这就需要处理一系列其他的问题，比如边界质量（Edge Quality）、色彩边缘（Color Fringing）、运动模糊、颜色和对比平衡、颗粒匹配（grain matching）等。

同样的，一个运动物体的柔和模糊边缘应该能够与新背景底片的细节相融合，不仅仅只是一个蓝屏背景的蓝色模糊污点。早期的数字键控甚至没有处理这些问题的工具，需要操作者设计复杂的方案来达到效果。

5.3.1.2　色差键控技术

第一个开始开发数字键控技术的公司是 Ultimatte 公司。Petro Vlahos，是一个好莱坞的特效师，为电影研究委员会（Motion Picture Research Council）开发了色差蓝幕处理技术（color-difference blue screen process）。1976 年他在加利福尼亚成立了 Ultimatte 公司。Ultimatte

图 5-27

是首个硬件实时键控的公司，后来发展成提供键控插件的公司（图 5-27）。

Ultimatte 的原始算法来源于对蓝幕胶片的光学处理。这个过程很简单，因为发明者的想法是基于简单的操作，可以用胶片的化学和光学特点来达到分离前景与背景目的。

Ultimatte 公司是第一家把算法应用到实时模拟视频设备上的公司。20 世纪 70 年代的模拟架构和实时处理的局限性，限制了合成算法提升的可能性。使用老式、简便的算法，人们需要使用一些小技巧来克服现实世界中的合成问题。发明一个技巧，就有一个专利产生。这些小技巧很复杂，一个竞争者需要花费上百个小时才能弄清楚它们是怎么运作的，最后发现这些小技巧只是能让原始算法在特定的条件下或是某种镜头中更好地运作而已。

今天的计算机的数值处理能力能够让现代行业发明出更多的比以前实时模拟方案更加复杂的图像处理技术。键控的素材范围也有单纯的蓝色背景，扩展到了各种颜色背景乃至复杂背景，可以说，键控技术能够处理更复杂的画面。

5.3.1.3　蓝背与绿背

应该在绿色还是蓝色的背景下拍摄是一个古老的问题。拍摄键控用的素材会受到诸多的因素影响，但最主要的就是前景主题是什么颜色（图

图 5-28

5-28）。

在 Vision 2 出现之前，胶片自身在蓝色通道内更加模糊，所以那时候绿色屏幕就比较盛行。但是人类皮肤里含有的绿色比蓝色多，这样的话，蓝色屏幕会更适合拍摄。但这只是对于金发人种而言，人类皮肤内的绿色和蓝色成分是不平衡的，所以不能用肤色决定用蓝色还是绿色屏幕拍摄。

十多年前，蓝色屏幕流行的原因是因为工业光魔公司（Industrial Light and Magic，简称 ILM）偏向于使用蓝色屏幕。但事实上工业光魔有专门处理蓝背素材的定制工具。所以那些要想模仿工业光魔的公司虽然使用了和工业光魔公司一样颜色的屏幕，但是达不到《星球大战》那样质量的合成产品。

今天来讲，使用色差键控技术就意味着要尽可能地使用一个纯绿色或纯蓝色的屏幕。对于使用其他的键控工具来说，就要用一个没有大的颜色或照明变动的均衡屏幕（Even Screen）。例如

一些出色的键控工具，使用的是红色背景。光谱上一个狭窄的红色区域被用来制作特殊的红色荧光，这个技术可以对太空船等微缩模型进行精确的键控。

5.3.2 键控的相关滤镜

5.3.2.1 Keying（键控）组

Keying 是专门针对键控的一组特定指向的滤镜组，其中包含了软件自身携带的数个键控工具。这些键控工具有的简便直接，有的复杂强大，合理地选择合适的滤镜，就能够很好地完成键控工作。

1. Color Difference Key（色差键控）

Color Difference Key 是传统色差键控的数字版本，对于传统行业的从业者来说，是很容易上手的滤镜（图 5-29）。

2. Color Key（颜色键控）

Color Key 是一个简单的键控滤镜，通过选择颜色，同时调节 Color Tolerance、Edge Thin、Edge Feather 三个参数，来进行快速的键控操作（图 5-30）。

Color Key 是简单键控工具的典型代表，对于质量足够好的素材，能够以最快的速度获得一个准确的蒙版。

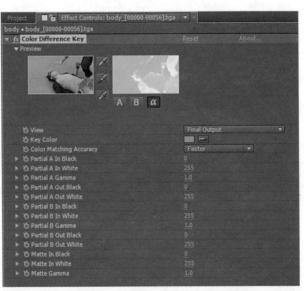

图 5-29

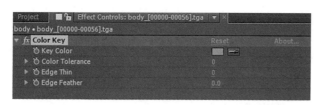

图 5-30

3. Color Range（色彩范围）

Color Range 是一个比较有效的键控工具，它的操作简单，但又不是完全没有办法处理复杂的情况（图 5-31）。

Color Range 首先是选择一个合适的颜色空间，然后使用三个吸管工具来选择主要颜色并增加或减少颜色范围，最后通过几个参数进行细微的调整。Color Range 的键控效率很高，控制起来也很方便，但通常都是需要配合 Roto 技术来进行完备（图 5-32）。

4. Linear Color Key（线性颜色键控）

Linear Color Key 是 Color Key 的强化版本，

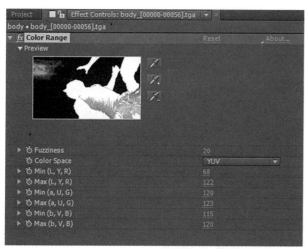

图 5-31

图 5-32

Linear Color Key 的控制性更强，可控的参数也更多（图 5-33）。

5. Luma Key（亮度键控）

Luma Key 是一种很有效的特殊键控（图 5-34），对于白色背景的素材，亮度键控能够很好的完成任务。

6. Difference Matte（差异蒙版）

Difference Matte 是一个非常有效的负责环境键控的手段。通常来说，需要拍摄没有前景的空镜，来作为键控的参考，从而将前景抠出来（图 5-35）。Difference Matte 对于解决动态镜头或者光影变化，乃至光影效果不好的素材都需要下很大的功夫。

7. Extract（提取）

Extract 滤镜更像是 Luma Key 的强化版（图 5-36）。Extract 滤镜可以选择亮度通道以及红色通道等颜色通道来完成键控过程。而选择 Alpha 通道时，可以对素材的透明通道进行修整。

8. Spill Suppressor（溢出抑制）

绝大部分键控很难彻底地完成，总是不可避

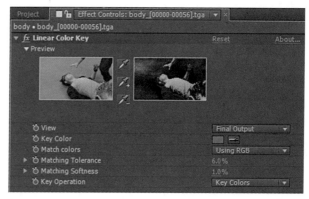

图 5-33

图 5-34

图 5-35　原图、参考图与合成后的效果

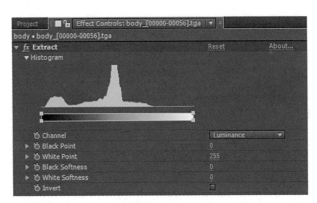

图 5-36

免地留下各种遗漏。Spill Suppressor 将键控之后的边缘色彩进行抑制，使键控的结果更加完美（图 5-37）。

9.Keylight

Keylight 是 After Effects 自带的键控插件，但是 Keylight 作为专门的键控插件，其功能比较完善，同时也能够应对绝大部分的素材类型，我们将在后面的案例中详细讲解。

5.3.2.2　Matte（蒙版）组

Matte 主要是作用于透明通道的滤镜组，通常是作为键控的补充。

图 5-37

1.Matte Choker（蒙版抑制）

Matte Choker 对于键控来说，是很重要的补充手段，尤其是前景和背景颜色较为接近时，可以选择优先处理背景，再利用 Matte Choker 补足（图 5-38）。

2.Simple Choker（简单抑制）

Simple Choker 也是对键控功能的有效补充，同时也是合成师处理 Alpha 通道边缘的有力工具，可去除杂点和制作边缘过渡效果（图 5-39）。

图 5-38　原图与 Matte Choker 效果对比

图 5-39　原图与 Simple Choke 效果对比

5.4　Keylight 键控案例

本案例是为一个魔法的吸魂效果做的准备工

图 5-40

作（图 5-40），素材是在绿棚下拍摄的。本案例将使用 Keylight 滤镜作为主要的键控手段，并且通过其他手段来完善键控的效果。

　　需要注意的是，不要太指望键控滤镜解决所有问题，还是需要多和影棚里的摄像师、灯光师以及布景师们多沟通。

　　绿屏抠像注意的几点：布光均匀，主体物的颜色要与幕布区分，拍摄尽可能高质量的素材，避免动感模糊，必要时可以用高速慢镜头来拍摄素材。

5.4.1　Keylight 简介

　　Keylight 是一个屡获殊荣并经过产品验证的蓝绿屏幕抠像插件（图 5-41）。

　　Keylight 易于使用，并且非常擅长处理反射、半透明区域和头发。由于抑制颜色溢出是内置的，因此抠像结果看起来更加像照片，而不是合成。

　　这么多年以来，Keylight 不断改进，目的就是为了使抠像能够更快和更简单。同时它还对工具向深度挖掘，以适应处理最具挑战性的镜头。Keylight 作为插件集成了一系列工具，包括侵蚀、

软化等操作以满足特定需求。另外，它还包括了不同颜色校正、抑制和边缘校正工具来获得更加精细的微调结果。

　　Keylight 在 The Foundry 公司经历了许多次改进。但是，Keylight 的原始算法是由 Computer Film 公司（现在的 Framestore 公司）开发。截至目前，Keylight 已经被应用在数百个项目上，包括《理发师陶德》、《地球停转之日》、《大侦探福尔摩斯》、《2012》、《阿凡达》、《爱丽丝梦游仙境》、《诸神之战》等。

　　Keylight 能够无缝集成到一些世界领先的合成和编辑系统，包括 Autodesk M&E 系统、Avid DS、Fusion、NUKE、Shake 和 Final Cut Pro。Keylight 也可与 Adobe After Effects 一起捆绑。

　　高级合成师 Shannon Dunn 如此评价，"我使用过 Primatte、Ultimatte 和许多其他产品，但是 Keylight 是我所使用过的最好的软件包。"

5.4.2　制作案例

5.4.2.1　分析素材

　　在 Project 窗口双击打开导入素材（图 5-42），导航到文件夹 body_keylight，找到 body.tga 序列图，选择第一张图片 body_00000.tga，勾选对话框左下角的 Targa Sequence（图 5-43）。

图 5-41

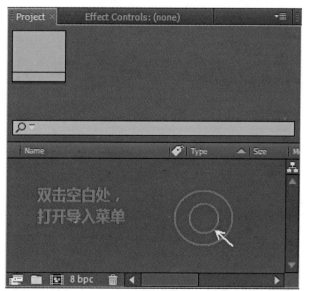

图 5-42

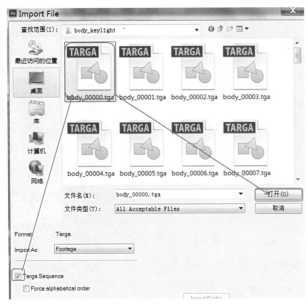

图 5-43

先查看一下素材的信息,通过 Project 窗口的缩略图区域,可以看到,素材的画面大小为1280×720,像素宽高比 1.0,持续时间 2s7f,帧速率 25 帧每秒,色深百万色彩,这样就可以了解视频的基本信息(图 5-44)。

图 5-44

选择序列图,拖动到 Project 窗口的新建合成图标,软件根据序列图的属性建立合成(图5-45)。

图 5-45

分析一下素材,这段视频抠像的难点有三:1. 头发 2. 阴影 3. 衣服上的环境色(绿色),这些困难我们将在后面的制作中一一克服(图 5-46)。

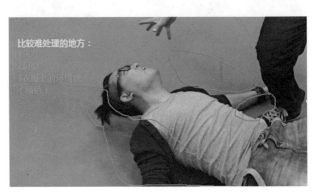

图 5-46

5.4.2.2 使用 Keylight 前的准备

选择 body 层,右键选择 Effects → Keying → Color Key,添加 Color Key 滤镜。

在特效控制窗口展开键控工具,选取离角色较远的背景颜色,软件会根据所选颜色抠除。之所以用这样的方法,是考虑到绿布的布光不是那么平均,每个区域的颜色亮度不太一样,先取出大部分的离人物周围远的一些绿布。

点击吸管工具,在画面的左上角吸取要抠除的颜色(图 5-47)。然后调整参数 Color Tolerance增大容差范围,数值越大抠除的绿色范围越多(图5-48)。

在特效控制面板选择 Color Key 特效,按Ctrl+D 组合键复制该效果,得到 Color Key2。使用 Color Key2 继续在人物的边缘吸取颜色(图

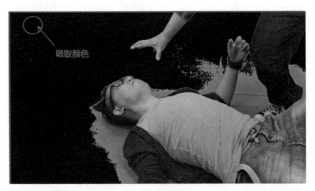

图 5-47

图 5-48

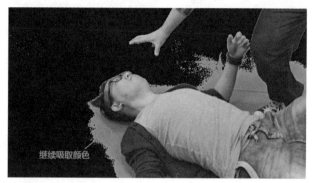

图 5-49

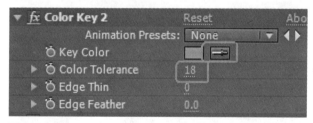

图 5-50

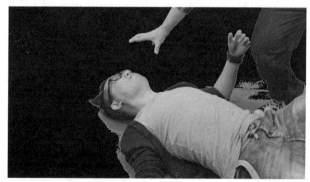

图 5-51

灰色的区域就是半透明状态。注意到，阴影就是半透明的状态，后面会仔细调节阴影部分。

选择 body 层，执行 Effects → Matte → Matte Choker 添加 Matte Choker 滤镜。

Matte Choker 可以收缩或扩大边缘，调整其值（图 5-53），让边缘扩大，这样就得到了一个没有毛边的边缘，为后面的工作做好准备（图 5-54）。

图 5-52

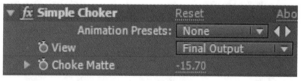

图 5-53

图 5-54

5-49），注意不要吸取到人物的阴影，然后调整参数（图 5-50）。

效果如图 5-51 所示。

将 Composition 窗口切换到 Alpha 通道显示（图 5-52）。黑色代表透明区域，白色代表不透明，再仔细观察图像，还有一些噪点，这样会影响抠像（图5-55）。

选择body层，在特效控制台右键选择Effects → Noise & Grain（噪波与颗粒）→ Remove Gain（移除颗粒）添加Remove Gain滤镜，来去除噪点。

添加Remove Gain滤镜后，会看到合成窗口多了一个方框，这个方框就是特征框。特征框就是用来加载颗粒特征的，它会根据这个选取的噪点来计算去除的噪点（图5-56），并调节参数（图5-57）。

5.4.2.3　使用Keylight滤镜

继续为body层添加特效，执行Effects → Keying → Keylight添加Keylight滤镜。

首先看一下Keylight特效参数面板（图5-58）。

点击Screen Colour的吸管▨吸取颜色，在人物边缘吸取键出颜色（图5-59）。

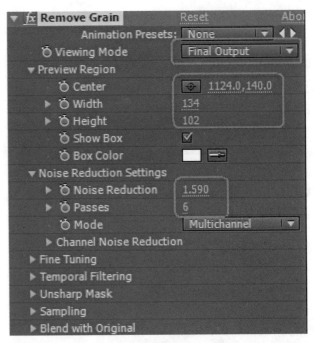

图5-57

图5-55

图5-56

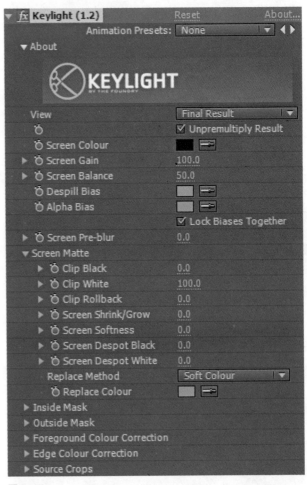

图5-58

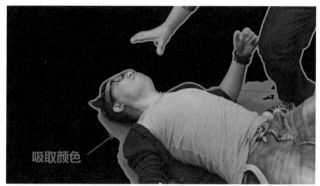

吸取颜色

图 5-59

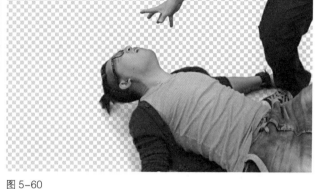

图 5-60

可以看到，键控的效果还是不错的，但还是需要认真查看究竟有没有抠除干净，这就要利用 Keylight 的查看模式再检查一下（图 5-60）。

选择 Keylight 滤镜的 View 栏的下拉菜单，选择 Combined Matte（合成蒙版，图 5-61），然后图像会以灰度图来显示键控后的透明通道，黑色代表完全透明，白色代表不透明，而灰色的代表半透明（图 5-62）。

通过观察不难发现，除了主要人物周围的阴影是灰度的半透明状态，眼镜还有衣服上还有少量的灰色杂点，人物内部也有半透明部分，所以这不是完美的结果。下面通过 Screen Gain（颜色增益）和 Screen Balance（颜色调和）参数来大体过滤一下整体的颜色（图 5-63）。

Screen Gain 不宜调节得太大，这样会影响到

人物的其他部分，比如头发和衣服边缘，调节的数值应尽量保留这些细节。

下面看一下另一个人物的裤子上还有大量的杂点，可以使用参数 Screen Matte（屏幕蒙版）细微地调节人物内部的杂点。我们调节参数 Clip White（修剪白色）为 75（图 5-64、图 5-65）。

这样一来就可以去除人物裤子的杂点，得到了一个比较好的结果。

继续观察已有的结果，会发现人物的边缘还

图 5-62

图 5-61

图 5-63

图 5-64

图 5-66

图 5-67

图 5-65

图 5-68

图 5-69

有一些硬，需要适当地柔滑一下，调节 Screen Pre-blur（屏幕预模糊）为 0.2（图 5-66）。

接下来将View查看栏切换回 Final Result（图 5-67）。

与之前的原始图像对比一下（图 5-68）。

放大局部对比一下，会发现人物裤子上的颜色会有变化（图 5-69）。

这个问题可以通过一个技巧解决，在使用 Keylight 滤镜得到蒙版之后，可以利用图层的轨道蒙版功能，将蒙版赋予一个没有添加滤镜的图层。再次导入之前的素材，放在底下一层，打开下层的轨道蒙版（图 5-70）。

这样使上层的 Alpha Matte 作为下方图像的蒙版。在得到了正确的蒙版之后,颜色就正常了(图 5-71)。

5.4.2.4　调节颜色

导入图片草地 .jpg 来加上一个草地的背景(图 5-72)。观察合成后的结果，会发现人物与背景并

图 5-70

图 5-71

图 5-72

不匹配，人物略偏红。接下来需要调节一下人物的整体色调，匹配草地的环境。

选择 body 层，执行 Effects → Color Correction → Curves（曲线）来添加 Curves 滤镜。改变绿色通道的暗部曲线（图 5-73）。

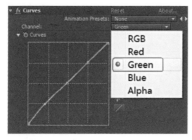

图 5-73

查看合成后的效果，至此键控效果就基本制作完成了（图 5-74）。

图 5-74

5.4.3　完成制作项目

在完成了键控部分之后，就可以继续添加其他效果来完成整个制作项目了（图 5-75）。完整的制作项目是由很多的制作环节协作完成的，而蒙版的获得总是要首先完成的部分。

图 5-75

5.5　其他获得蒙版的手段

Roto 和键控是获得蒙版的两个主要手段，实际上还有很多获得蒙版的手段，这些手段大多是针对透明通道的功能和滤镜的，也可以认为是蒙版的一种应用。

5.5.1　轨道蒙版

轨道蒙版是很常用的蒙版转借的手段，尤其

图 5-76

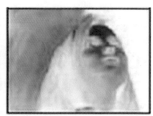

图 5-77　Invert 效果

是在 CGI（计算机数字图像）合成中，透明通道会被单独渲染出来，以灰度图序列的形式直接提供信息，这时轨道蒙版就是最快速的手段了。

5.5.2　Channel（通道）滤镜组

Channel 是一组非常有用的以 Alpha 通道为主要操作对象的滤镜组，尤其是蒙版（或者 Alpha 通道）需要多个图层相互作用来获取时，其作用显得尤为突出。

5.5.2.1　Compound Arithmetic（复合运算）

Compound Arithmetic 滤镜是借用另一个图层的某一个通道信息，与当前图层的通道进行数理运算（类似于蒙版的叠加模式），从而改变该通道信息的滤镜。

Compound Arithmetic 滤镜是比较常用的通道复合滤镜，尤其是 Alpha 通道。最简单的应用就是直接调用另一个图层的透明通道。这和轨道蒙版有些相似，但控制上以及效果上都更加理想（图 5-76）。

5.5.2.2　Invert（反转）

Invert 滤镜可以反转透明通道，功能简单，应用广泛。Invert 滤镜也可以反转颜色通道，制作出负片效果或者各种颜色效果（图 5-77）。

5.5.2.3　Minimax（最小／最大）

Minimax 是一个比较简单的扩大或缩小通道的滤镜，通过它可以实现蒙版的扩展效果。

5.5.2.4　Set Channel（设置通道）与 Set Matte（设置蒙版）

Set Channel 与 Set Matte 都是直接赋予通道的滤镜，Set Matte 专门针对 Alpha 通道，而 Set Channel 则可以处理颜色通道。这个效果与轨道蒙版功能相似但是功能更强大，也是获得透明通道的主要手段。

小结：

蒙版的获得和控制是特效合成的根基。通过本章的学习，大家应该掌握基本的 Roto 技术以及键控技术，应该了解蒙版的重要作用以及控制方式，也应该了解蒙版制作将要面对的困难。

实时训练题：

1. 自己拍摄抠像人物素材，图像质量尽量清晰，高清格式。

2. 试着用不同的键控抠像工具来进行抠像，注意人物的头发及人物边缘的处理，保留阴影。

3. 把抠好的人像合成到其他的场景，注意颜色要匹配，适当地调节人物与背景的颜色。

第 6 章　滤镜特效

本章主要是针对 After Effects 自带的滤镜进行总体性的描述，并对部分常用效果讲解。根据 AE 中的滤镜的用途、作用方式、产生的效果、工作原理乃至厂商信息等进行了比较细致的分类，根据这些分类，可以非常好地进行滤镜的选择。

6.1　滤镜效果分类

滤镜效果是特效合成最重要的组成部分，尤其是在对特效合成的理念、基本技巧和软件平台有了足够的认识之后，学习更多的滤镜使用乃至掌握更多的滤镜使用组合就是下一阶段的主要学习目标。

无论选择哪一个软件平台，滤镜效果的分类都是基本相同的。可能有些软件的分类更详细，也可能有些软件包含了更多滤镜种类，但了解了滤镜的分类之后，就可以比较快速地掌握这些滤镜，在制作特效时，也能够比较快速地判断该选择何种滤镜。

6.1.1　颜色校正类

6.1.1.1　颜色校正类滤镜的分类

颜色校正类几乎是必有的滤镜，而这些滤镜的效果也无非是控制图像的各个颜色通道的信息参数。

由于颜色通道的特殊性，选择不同的颜色空间，就可以拆分出多种不同的颜色通道。可以选择 RGB 颜色空间，控制 RGB 颜色通道；也可以选择 YUV 颜色空间，调整色相、饱和度、亮度等。

而且同一种通道也有多种不同的控制方式，例如亮度信息，就有 Gain、Gamma、Offset 三种控制，各自选择了不同的处理办法。

此外还有针对亮度来区分为亮部、中间色、暗部来进行控制的办法。

这些都需要在学习滤镜时认真对比并掌握，这样才能在实战中游刃有余。在 After Effects 中，颜色校正类的滤镜主要集中在 Color Correction（色彩校正）滤镜组。Color Correction 也是合成中最重要的滤镜组，虽然相对简单，但是色彩校正从来就是直接决定合成成败的要素之一。

6.1.1.2　常见的颜色校正滤镜

1. Auto Color（自动颜色）、Auto Contrast（自动对比度）、Auto Levels（自动色阶）

这三个滤镜都是软件自动判断的效果，对于快速校色或者非风格化校色来说，是非常有帮助的（图 6-1）。

2. Brightness & Contrast（亮度与对比度）

Brightness & Contrast 可以控制亮度与对比度参数，是控制整体亮度感的常用滤镜。

3. Change to Color（转换颜色）

Change to Color 滤镜可以在图像中特定一个颜色，然后替换图像中特定的颜色为另一特定颜色，同时也可以设置特定颜色的色相、饱和度和亮度等颜色信息的容差值（图 6-2）。

图 6-1　Auto Levels 效果对比

图 6-2

4.Color Balance（色彩平衡）

Color Balance 滤镜可以通过图像的 R、G、B 通道进行调节，分别调节颜色在高亮、中间色调和暗部的强度，以增加色彩的均衡效果。

5.Curves（曲线）

Curves 滤镜是最常用的色彩校正滤镜，功能相对简单，但是可控性很强。也用来控制 Alpha 通道效果（图 6-3）。

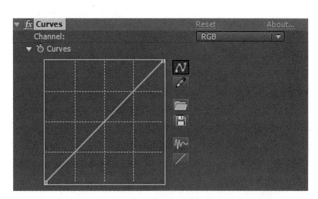

图 6-3

Curves 滤镜实际上是控制各个通道的亮度信息，默认情况是 RGB 整体亮度，可以选择 Red、Green、Blue、Alpha 通道进行控制（图 6-4）。

Curves 滤镜的图表部分，横向代表原始的亮度，纵向代表修改到的亮度（图 6-5）。Curves

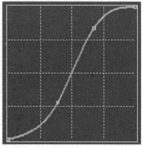

图 6-4　　　　　图 6-5

滤镜的曲线控制非常的灵活和方便，可以实现很多的颜色校正滤镜的效果。

图 6-6

而且，Curves 滤镜本身也有可以被记录的动画，也就是曲线的变化动画（图 6-6）。

6.Equalize（色彩均化）

滤镜特效可以对图像的色阶平均化。自动以白色取代图像中最亮的像素；以黑色取代图像中最暗的像素（图 6-7）。

7.Gamma/Pedestal/Gain

Gamma/Pedestal/Gain 是针对亮度的重要滤镜，三个参数都是改变亮度的，但是其作用的方式各不相同。

Gamma 是指数运算，相对比较复杂，更多的是运用在显示器的调整上，也可以对画面的亮度进行精细的调节（图 6-8）。

Pedestal 与 Gain 是相反的两种运算，Gain 是乘法运算，画面中的亮度信息乘以相同的数值。调节 Gain 参数通常不会影响最暗的部分，而亮度高的部分则受到较大的影响（图 6-9）。

Pedestal 参数对于颜色数值的运算与 Gain 参数相反，虽然也是乘法运算，但是它将最黑的认

图 6-7　Equalize 效果对比

图 6-8　增加 Gamma 值的效果

图6-9　增加 Gain 值的效果

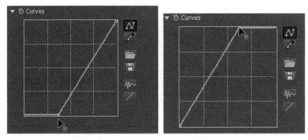

图6-10　Pedestal 与 Gain 调节亮度的区别

图6-11　添加青色调

为是1，最亮的认为是0（图6-10）。这个参数的直接结果就是对图像的暗部区域会产生很大的影响，越暗的灰阶，受影响的程度就会越大，与此同时，图像中最亮的灰阶，就是值为"1"的黑阶（即曲线工具右上角）不会受到任何影响。

8.Levels（色阶）

Levels 是一个常用的色彩校正滤镜，其效果类似于 Curves 滤镜，但是在控制的灵活性上略有不及。

9.Shadow/Highlight（暗部/高光）

Shadow/Highlight 滤镜能够将画面根据亮度分为暗部和亮部进行针对性的调节，这个滤镜需要色深较高的素材，这样才能在调解时有足够的细节展现。

10.Tint（着色）

Tint 滤镜主要用来完成着色效果，很多时候会将图像完全去饱和，再使用 Tint 滤镜控制整体色调（图6-11）。

6.1.2　画面修正类

画面修正类主要是对现有的画面进行修正，模拟一些现实中的效果以及创建一些特殊的画面效果。

After Effects 的画面修正类滤镜主要有 Blur & Sharpen（模糊与锐化）组、Distort（扭曲）组、Stylize（风格化）组。

6.1.2.1　Blur & Sharpen 滤镜组

模糊是人眼观察世界固有的视觉现象，也是拍摄时无法规避的效果。特效合成时，需要控制不同元素的不同的模糊效果，来使画面更加符合真实观察应有的效果。模糊类滤镜主要是按照其模拟的模糊的类型以及模糊的算法进行分类的。

首先，模糊类滤镜针对的往往是各种不同的拍摄情况产生的真实的模糊现象。例如，运动模糊、景深模糊。也有针对各种合成时可能需要的模糊类型，例如径向模糊和方向模糊，可以模拟运动模糊，更可以运用在文字、粒子等效果上。

模糊计算方式也有很多不同，例如高斯模糊，就是利用高斯算法进行模糊计算，还有盒子模糊、快速模糊等。也可以通过其他信息，例如一幅灰度图来判断模糊程度，或通过景深通道来进行模糊，模拟景深模糊的效果。

Blur & Sharpen 是一组非常常用且功能简单的滤镜，多数用来对画面进行修饰，使其比较符合真实的场景。

1.Box Blur（盒子模糊）

Box Blur 滤镜是一种快速的模糊效果，均匀的模糊使其成为所有模糊效果的首选。

2.Gaussian Blur（高斯模糊）

Gaussian Blur 是运算相对复杂的模糊效果，但如果模糊程度不高，可以考虑此滤镜。

图 6-12　利用亮度信息制作模糊效果

3.Fast Blur（快速模糊）

Fast Blur 滤镜是常用的模糊滤镜，高速高效。最高质量的 Fast Blur 接近于 Gaussian Blur。

4.Compound Blur（复合模糊）

Compound Blur 滤镜是利用其他图层等的信息来产生模糊的效果，对于合成来说，非常有用（图 6-12）。

5.Directional Blur（方向模糊）

Directional Blur 滤镜是简单但实用的模糊效果，通常用来模拟运动模糊和制作文字的出现或者消失的效果（图 6-13）。

6.Camera Lens Blur（镜头模糊）

Camera Lens Blur 滤镜通常用来模拟景深效果。从原理上来说，有些类似 Compound Blur，但是有更多的针对摄像机镜头的参数控制（图 6-14）。

7.Radial Blur（径向模糊）

Radial Blur 滤镜可以在指定的点产生环绕的模糊效果，越靠外模糊越强（图 6-15）。当为草稿质量时，只显示纹理，需要注意这种效果在隔行显示的时候可能会闪烁。

8.Smart Blur（智能模糊）

平滑画面的模糊滤镜，但会保留适当的边缘（图 6-16）。

6.1.2.2　Distort 组

在进行特效合成时，元素的形状可能不能满足合成的需要，而单纯的缩放、旋转等操作也无法完成，这就需要 Distort 组的滤镜了。

Distort 是能对图层造成形状上的变化的一组滤镜，其对画面的影响是相对剧烈的，在使用时尤其需要注意，但是也往往能够制作出奇妙的效果。

1.Bezier Warp（贝赛尔弯曲）

Bezier Warp 滤镜可以对图层进行曲线变形，这个变形会将平面的图形扭曲到三维空间中，对于立体空间中图层元素的控制来说，是非常有帮助的（图 6-17）。

2.Corner Pin（边角定位）

Corner Pin 滤镜也是对图层进行变形的工具，这个工具的效果与 Bezier Warp 类似，但是仅仅控制图层的四个角（图 6-18）。Corner Pin 滤镜

图 6-13　Directional Blur　　　　图 6-14　景深信息与 Lens Blur 效果

图 6-15

图 6-16

图 6-17

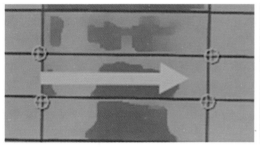
图 6-18

图 6-19

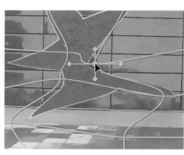
图 6-20

是常被用来配合跟踪功能制作替换屏幕、替换海报等效果，是个简单有效的滤镜。

3.Displacement Map（置换映射）

Displacement Map 滤镜利用其他图层获得信息进而影响本图层的图像的形状变化，是一个很常用的滤镜。

4.Liquify（液化）

Liquify 滤镜是一个非常自由的图像扭曲滤镜，可以配合动画关键帧制作出自由度极高的变形效果（图 6-19）。

5.Mesh Warp（网格弯曲）

Mesh Warp 滤镜通过网格进行分割变形，通过网格上的接点来进行灵活的控制（图 6-20）。在变形的可控性上，比 Liquify 滤镜要好一些，但是受到了网格控制点的限制，在控制的灵活性上略差。

6.Polar Coordinates（极坐标）

Polar Coordinates 滤镜可以在平面坐标与极坐标之间进行坐标模式的转换，通常用来处理光线等纹路效果（图 6-21）。

6.1.2.3　Stylize 滤镜组

Stylize 滤镜组是一组很有目的性的滤镜组，通常用来获得各种不同的艺术化效果，当然也有几个非常常用的辅助性滤镜。

1.Brush Strokes（笔触）、Cartoon（卡通）、Emboss（浮雕）

Brush Strokes 滤镜可以将画面转化为特定的笔触效果（图 6-22），是很多画笔动画制作时的选择。Cartoon 滤镜可以将画面转化为卡通效果，Emboss 滤镜可以将画面转化为浮雕效果。类似的效果在 Stylize 滤镜组是比较多的。

2.Find Edges（查找边缘）

Find Edges 滤镜可以通过对比图像中色彩的变化，将图像中各个物体的轮廓边缘勾勒出来（图 6-23）。这个滤镜常常用来模拟铅笔画效果，也会配合其他滤镜来制作水墨效果。

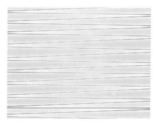
图 6-21

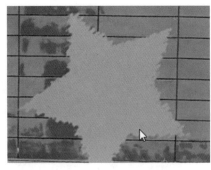
图 6-22

图 6-23

图 6-24

3. Glow（辉光）

Glow 滤镜是最常用的光效辅助滤镜，几乎是只要有发光，就用 Glow 滤镜，无论是光线还是光点或者光斑，Glow 滤镜都是很好的选择（图 6-24）。

6.1.3 创作类

创作类是滤镜的一个大类，这一类型的滤镜通常不需要考虑原始画面的内容，而是根据需要去添加新的元素，这个新元素在原始画面是没有的。

After Effects 中的创作类滤镜主要有 Generate（生成）组、Simulation（模拟仿真）组、Noise & Grain（噪波与颗粒）组和 Text（文本）组。

6.1.3.1 Generate 组

Generate 滤镜组是一组用来无中生有的滤镜组，通常用来获得一些特殊的图案或者动画效果。

1. Advanced Lightning（高级闪电）

Advanced Lightning 滤镜能够制作闪电效果（图 6-25）。

2. Audio Spectrum（音频频谱）、Audio Waveform（音频波形）

Audio Spectrum 滤镜可以根据音频信息实现其音频的可视化（图 6-26）。Audio Waveform 滤镜也有类似的效果。

3. Beam（光束）、Cell Pattern（蜂巢图案）、Checkerboard（棋盘）

Beam 滤镜能够创建光束效果（图 6-27），而 Cell Pattern 滤镜能够制作蜂巢图案，Checkerboard 滤镜能够制作棋盘图案，Generate 滤镜组有很多类似的效果。

4. Lens Flare（镜头光晕）

Lens Flare 滤镜用来制作镜头光晕效果，通常是用来模拟摄像机在迎着阳光拍摄时的镜头眩光效果（图 6-28）。Lens Flare 滤镜是 CG 画面常用的效果，可以加强画面的真实感。

5. Ramp（渐变）

Ramp 滤镜是制作渐变效果的首选（图 6-29）。渐变图案是一个很常用的辅助性图案，在很多滤镜中都有所应用。

6. Stroke（描边）

Stroke 滤镜用钢笔工具绘制轨迹来制作描边效果，这个效果常用来配合 Glow 滤镜制作光线效果（图 6-30）。

图 6-25

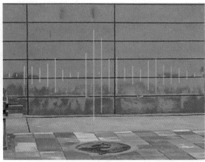
图 6-26

图 6-27

图 6-28

图 6-29

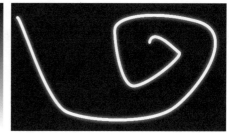
图 6-30

6.1.3.2　Simulation 组

Simulation 滤镜组是一组相对复杂且强大的滤镜组，主要是利用粒子工作原理模拟各种真实或者想象的现象。

1. Card Dance（卡片舞蹈）

Card Dance 是一个简单的破碎效果，还可以根据参考图案破碎成卡片，并产生动画效果（图 6-31）。

2. Foam（泡沫）

Foam 滤镜可以制作简单的泡沫粒子效果，是个专门类型的粒子效果（图 6-32）。

3. Particle Playground（粒子）

Particle Playground 滤镜是基本的粒子效果滤镜，通过 Particle Playground 滤镜制作粒子效果需要认真地调节其参数，并配合多个滤镜才能取得完美的效果（图 6-33）。

4. Shatter（碎片）

Shatter 滤镜可以制作简单的破碎效果，这个效果在简单的画面破碎效果或者卡通的画面破碎效果的制作中，是很有效的（图 6-34）。

6.1.3.3　Noise & Grain 组

Noise & Grain 是一组利用数学规则产生图像的滤镜组，既能提供很好的修饰，也能提供很强大的辅助画面。

1. Add Grain（添加颗粒）

Add Grain 通常用来模拟胶片拍摄的效果，主要是用来制作素材的胶片质感的滤镜，对于胶片类的合成来说，是很有效的（图 6-35）。

图 6-31

图 6-32

图 6-34

图 6-33

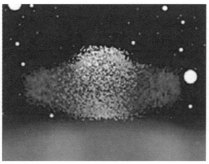
图 6-35

2.Dust & Scratches（灰尘与划痕）

Dust & Scratches 滤镜可以制作灰尘与划痕的效果，这个效果用来补充合成元素中本不会有的灰尘与划痕。

3.Fractal Noise（分形噪波）

Fractal Noise 滤镜是非常强大的图形生成工具，通过分形数学计算出一组动态画面。Fractal Noise 滤镜对很多效果的制作均能提供辅助效果，例如制作云层等（图6-36）。

4.Remove Grain（移除颗粒）

Remove Grain 滤镜对于平整画面效果来说很有帮助，并在人物的脸部平滑等效果或者阴影等处理上有很大的用处。

6.1.3.4 Text 组

Text 组的滤镜是文字效果的辅助，它包含了 Numbers（编号）、Timecode（时间码）两个滤镜，用来产生数字和时间码的数字动画效果。

6.1.4 三维效果类

滤镜效果中，会有专门针对三维空间合成的滤镜，这一部分滤镜专门针对三维空间的各种需要，或者针对三维动画制作软件进行设计，甚至是模拟三维的效果。

After Effects 的三维效果类的滤镜主要是 3D Channel（三维通道）组和 Perspective（透视）组。

3D Channel 是一组针对 RPF 这类特殊类型的素材量身定制的滤镜组，主要是通过素材携带的不同的通道信息，来制作三维场景中才能获得的效果。在三维动画的制作中，是非常有用的一组滤镜。

6.1.4.1　3D Channel Extract（三维通道提取）

3D Channel Extract 滤镜能够提取三维通道信息，通常是用来辅助特效制作。

6.1.4.2　Depth Matte（深度蒙版）

Depth Matte 滤镜可以利用 Z 通道信息获得蒙版，不同于景深模糊，通常会配合相对大的景别，与天空进行融合，效果甚佳（图6-37）。

6.1.4.3　Depth of Field（景深）

Depth of Field 滤镜可以利用 Z 通道信息模拟景深效果，通常用来聚集视觉重心，也可用来模拟变焦效果，是很简单但很常用的效果（图6-38）。

图6-36

图6-38　景深模糊与变焦

图6-37　原图、隐去远处信息、隐去近处信息

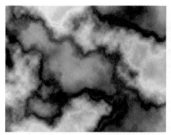

图 6-39　参考图层与雾效　　　　　　　　　　　　　　　　　图 6-40　选择出的物体与合成后的效果

6.1.4.4　Fog 3D（三维雾化）

Fog 3D 滤镜可以利用 Z 通道信息模拟三维的雾效（图 6-39）。

6.1.4.5　ID Matte（ID 蒙版）

ID Matte 滤镜可以利用 ID 信息获得蒙版。有 Object ID 和 Material ID 两种，均需要在三维动画制作软件中进行设置。通过 ID Matte 滤镜，可以迅速将场景中的某个物体或某组物体选择出来进行处理，也是有别于传统特效制作（如键控等）的手段（图 6-40）。

6.2　第三方插件

第三方插件是解决各种特效制作效果的又一个选择。第三方插件是由 After Effects 以外的公司针对各种特殊效果研发的专门的软件或插件，其中一部分可以作为单独的软件来完成某一特殊效果的制作，而大部分都需要安装到软件中，来为使用者提供更专业的更快捷的解决方案。

第三方插件的应用非常快捷专业，有几个第三方插件可以说是特效制作中必备的辅助工具。

6.2.1　BORIS

BORIS 是一款动画特效制作软件，其中整合了 20 多个非线性编辑系统和多种预置的自然效果，如雪、雨、火、云、火花、彗星等，并且提供强大的实景光线效果、颜色修正功能、微粒过滤功能等。

Boris FX 支持 Adobe After Effects、Adobe Premiere、Apple Final Cut Pro 和其他编辑软件。

6.2.2　Trapcode

Trapcode 出品的系列滤镜是一组非常棒的 AE 滤镜，在各种片子的制作中使用率非常高。国内各个 CG 的后期版或多或少都有关于这组滤镜的教程。

6.2.2.1　Particular

Particular 是强大的粒子系统，预设的参数很齐全，计算速度也很理想（图 6-41）。

图 6-41

6.2.2.2　Shine

Shine 是体积光插件，很多体积光效果都是用这个好滤镜做出的（图 6-42）。

图 6-42

6.2.2.3 Starglow

Starglow 能生成星辉型的光芒。颜色调得好的话很有梦幻般的效果（图 6-43）。

6.2.2.4 3D Stroke

三维空间中的线条制作插件，思路很简单，但效果很绚丽（图 6-44）。

图 6-43

图 6-44

6.2.2.5 Lux

Lux 能够渲染 After Effects 中的点光源或方向光，使光源变成可见或者生成体积光的效果。

6.2.3 Boujou

Boujou 是一款摄像机跟踪软件，它能够提供一套标准的摄像机路径跟踪的解决方案，曾经获得艾美奖的殊荣。Boujou 首创最先进的自动化追踪功能，被广泛地实际运用在上千部的电影、电视节目、商业广告中。

Boujou 是以自动追踪功能为基础，独家的追踪引擎可以依照个人想要追踪的重点进行编辑设计，透过简单易用的辅助工具，可以利用任何种类的素材，快速且自动化地完成专案（图 6-45）。

图 6-45

6.3 粒子效果案例

提到《哈利波特》，我们都会想到里面的绚丽的魔法对决，下面的案例将带领大家制作一个哈利与伏地魔在最后决战时刻用魔法棒使出的魔法。本案例使用 Trapcode 公司出品的插件 Particular 来完成（图 6-46）。

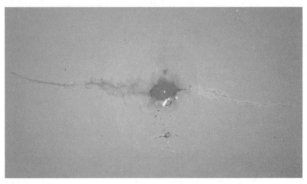

图 6-46

6.3.1 Particular 制作粒子

本案例比较特殊的是没有基础素材，直接从粒子制作开始。

1. 建立合成组，命名为 final（图 6-47）。
2. 按 Ctrl+Y 组合键建立固态层，命名为"魔法"（图 6-48）。
3. 选择"魔法"层，执行 Effects → Trapcode → Particular（图 6-49）。
4. 按快捷键小键盘上的"0"键进行内存预览，预览素材。观察到粒子效果是从中心从四周发散的（图 6-50）。

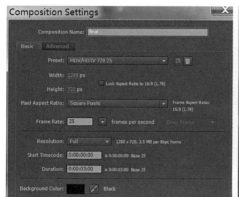

图 6-47

图 6-48

图 6-49

简单地说粒子就是以一定的时间、一定的形态、一定的速度，从产生到消失的效果，通过设置粒子的数量、粒子的形状，以及粒子的生命等更多的参数来控制粒子效果。

5. 确定粒子的 Emitter 发射器的参数。

粒子产生需要一个发射器来发射粒子，这里有很多发射器的类型（Emitter Type），默认的是 Point（点），所以开始的粒子会以一个点为中心发射粒子，还有 Box（盒子）、Sphere（圆形）、Gird（栅格）、Light（s）灯光、Layer（图层）、Layer Grid（图层栅格）等（图 6-51）。

Layer（图层）和 Layer Grid（图层栅格）是制定一个图层作为发射器类型。

本案例选取 Light（s），灯光发射器，选择后会弹出提示，意思是必须建立一个灯光并且命名为 "Emitter" 才可以使用（图 6-52）。

6. 执行菜单栏 Layer → New → Light 来创建灯光，灯光名必须为 "Emitter"，参数设置如下（图 6-53）。

这样我们就建立了一个以灯光为发射器的粒子，这样做的好处是灯光带有三维属性，并可以在三维空间任意移动变换属性，而且可以有操控手柄，这样操作比较直观（图 6-54）。

7. 为灯光建立一个从右边移动到左边的位移关键帧动画。

选择灯光，按 P 键展开灯光的 Position 位移属性，按秒表按钮打开关键帧记录器，并把灯光向窗口右移（图 6-55）。

继续在 14 帧的位置，移动灯光到窗口左边的位置（图 6-56）。

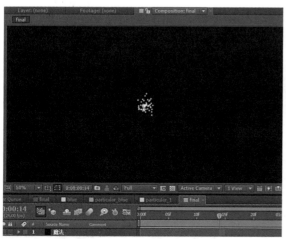

图 6-50

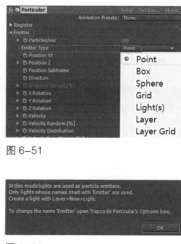

图 6-51

图 6-52

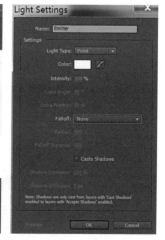

图 6-53

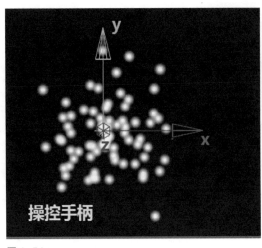

操控手柄

图6-54

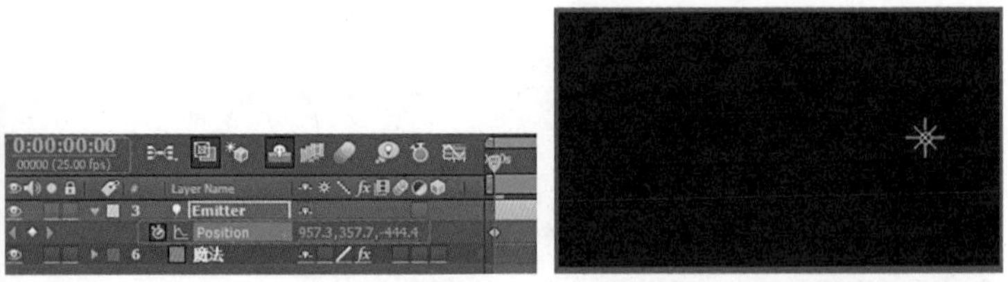

图6-55

图6-56

注意，如果粒子并没有跟随灯光移动，可以通过改变 Particular 的 Particles/sec（每秒粒子发射数量）来增强粒子的可视性（图6-57）。

8. 设定粒子参数

首先改变粒子的 Particles/sec 参数，也就是改变粒子每秒发射的数量为600，增大粒子数量（图6-58）。

改变 Position Subframe（位置子帧）为 10x smooth，可以平滑粒子的移动速度；还有 Direction（方向）为 Bi-Directional（双向）改变粒子发射的方向（图6-59）。

注意，在这里 Direction（方向）参数在以灯光为发射器的时候表现得不是那么明显，当切换成 point（点）发射器的时候，就会体现出双向的参数特点（图6-60）。

改变参数 Velocity（速率）为 1.0，Velocity Random（速率随机）为 0，Velocity Direction（随机方向）为 0，Velocity from motion（继承运动速度）为 0，Emitter Size X（发射器尺寸X）为 163，Emitter Size Y（发射器尺寸Y）为 31，Emitter Size Z（发射器尺寸Z）为 31（图6-61）。

9. 调整 Particle 栏的参数

展开 Particle 栏，首先改变 life[sec]（生命值），也就是粒子从产生到消失的时间长度，这个参数以秒为单位。这里设置 life[sec] 为 5，也就是每个粒子 5 秒后就会消失，Particle Type（粒子类型）选择 Cloudlet（云），这样每个粒子的形状就是云

图6-57

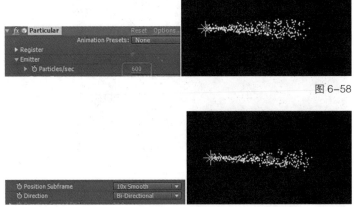

图6-58

图6-59

图 6-60

图 6-61

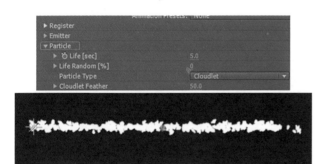

图 6-62

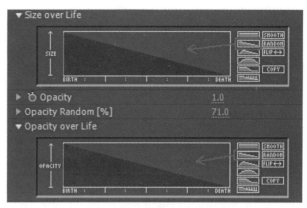

图 6-63

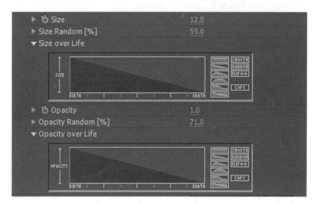

图 6-64

图 6-65

图 6-66

的形状（图 6-62）。

　　继续设置粒子的 Size（大小）为 12，增大每个粒子的大小，Size Random（大小随机）为 59，Size over life（生命期大小）也就是粒子从产生到消失有一个柱状图来控制，我们可以用鼠标在柱状图上绘制成如图的形状或者可以点击柱状图右边的预设图形（图 6-63）。

　　这样粒子从开始到结束是逐渐变小的，Opacity（透明度）为 1，Opacity Random（透明随机）71，并设定 Opacity over Life（生命期透明度）为相同的形状，这样粒子会对着时间的变化而逐渐消失（图 6-64）。

　　改变粒子 Color 颜色为荧光绿色，并且把

Transfer Mode（应用模式）也就是粒子的颜色混合模式改为 Add（加），使粒子更加炫一些并查看效果（图 6-65、图 6-66）。

图 6-67

图 6-68

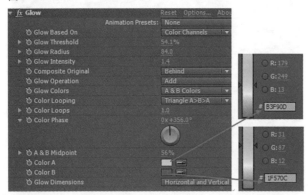

图 6-69

图 6-70

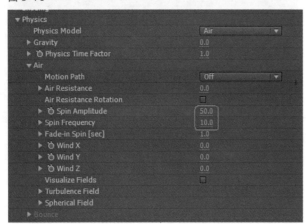

图 6-71

6.3.2　粒子修饰

主体粒子基本完成了，接下来要对粒子进行修饰。

1. 执行 Effects → Blur & Sharpen → CC Vector Blur（CC 矢量模糊）添加 CC Vector Blur 滤镜，然后调节参数 Amount（数量）为 44（图 6-67）。

可以看到效果不是很突出，需要加强粒子的颜色（图 6-68）。

2. 执行 Effects → Stylize → Glow 添加 Glow 滤镜，调节参数（图 6-69）。

此时的效果在光效上基本达到要求了（图 6-70）。

改变 Particle 滤镜的参数 Physics 下的 Spin Amplitude（旋转振幅）为 50，Spin Frequency（旋转频率）为 10，让粒子动起来（图 6-71）。

6.3.3　制作烟雾和流体

基本的粒子主体制作完毕之后，就需要制作烟雾和流体进行配合。

6.3.3.1　制作烟雾

1. 选择"魔法"层，按 Ctrl+D 组合键复制该层，并命名为"烟雾"，将其置于"魔法"层之下（图 6-72）。

2. 改变 Particle 滤镜的 Emitter 参数（图 6-73）。

3. 改变 Particle 滤镜的参数（图 6-74）。

4. 展开 Physics（物理）栏，为粒子设定物理特性。设置 Gravity（重力）为 -2290，也就是让粒子向上发射（图 6-75）。

5. 修改 CC Vector Blur（矢量模糊）参数（图 6-76）。

这样就得到了一个烟雾的效果（图 6-77）。

6.3.3.2　制作流体

1. 复制"烟雾"层，命名为"流体"（图

图 6-72

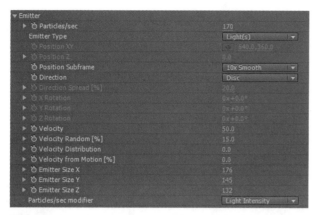

图6-73

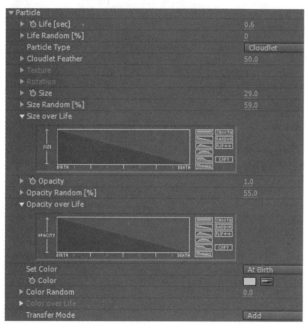

图6-74

图6-75

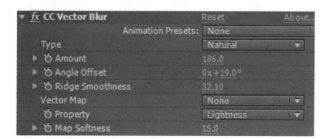

图6-76

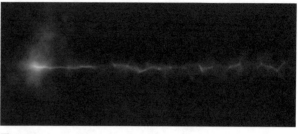

图6-77

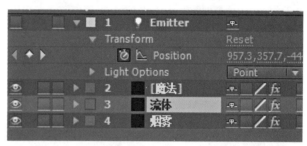

图6-78

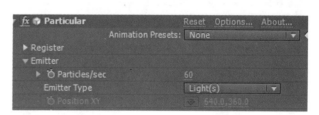

图6-79

6-78）。

2. 改变Particle滤镜的Emitter参数（图6-79）。

3. 改变Particle滤镜的参数（图6-80）。

4. 展开Physics（物理）栏，为粒子设定物理特性，Gravity（重力）为590，使粒子向下发射（图6-81）。

5. 建立一个固态层命名为"地面"，并打开该层的3D开关，使其层转化为三维图层，并且移动位置到窗口的下面，作为放大地面的尺寸（图6-82）。

6. 回到Particular粒子参数面板，展开Physics（物理学）栏，选择Physics Model为Bounce（反弹），Gravity（重力）为590，使粒子向下运动，选择Floor layer（地板层）为"地面"层，设置反弹层为一个平面，这样粒子落在地上就会受到地面层的影响反弹起来（图6-83）。

7. 关掉地面层的可见性（图6-84）。

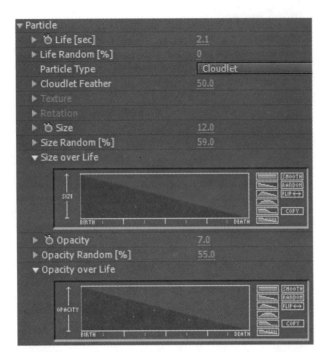

图 6-80

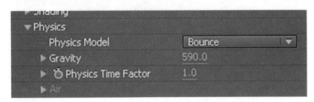

图 6-81

6.3.3.3 调节"流体"和"烟雾"效果

1. 调整一下流体和烟雾出现的时间,选择"流体"和"烟雾"层,时码输入 14,定位到 14 帧,按快捷键"["键,使两个图层的起始位置定位到

图 6-82

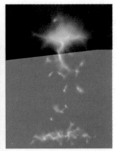

图 6-83

图 6-84

14f(图 6-85)。

2. 建立新固态层并命名为"Optical Flares"(图 6-86)。

3. 执 行 Effects → Video Copilot → Optical Flares 添加滤镜。

Optical Flares 是 Video Copilot 出品的来模拟镜头光晕效果的滤镜,而且它不只是模拟镜头光晕,还可以做出更加炫酷的光效,本案例利用它来为粒子添加更炫的效果(图 6-87)。

图 6-85

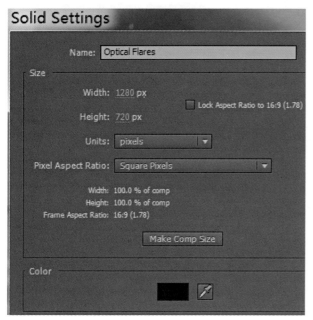

图 6-86

图 6-87

图 6-88

这个插件所有的设置几乎都在 Option 里完成。

4. 点击 Option（图 6-88）。

此时会弹出一个炫酷的窗口，这里有很多内置好的光效（图 6-89）。Optical Flares Options 窗口大致分为 4 部分：预览窗口、编辑窗口、效果层窗口、效果库。

5. 按效果层里边的光效右边的 X 图标，关掉其他的光效，只要一个 Glow，参数如图，点击 OK 确定（图 6-90）。

6. 设置 Brightness（亮度）70 和 Scale（大小）50、Rotation Offset（旋转偏移）26，Color（颜色）为荧光绿色，展开 Positioning Mode（位移模式）下的 Source Type（来源类型）为 Track Lights（跟踪灯光），为的是把合成内的灯光作为镜头光晕的发光点，设置参数并查看效果（图 6-91、图 6-92）。

至此我们的魔法特效就做好了，之后我们还要丰富效果。

图 6-89

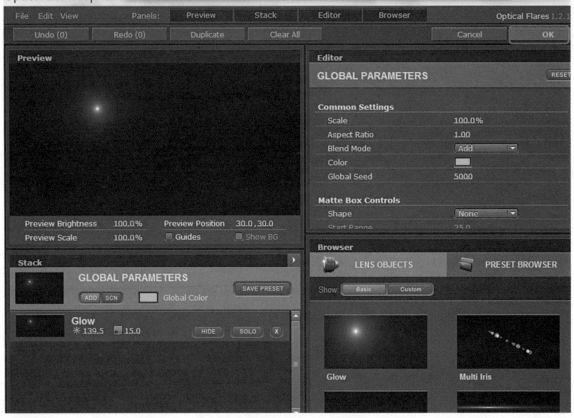

图 6-90

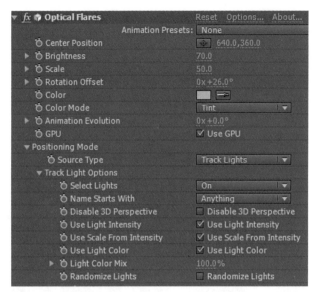

图 6-91

图 6-92

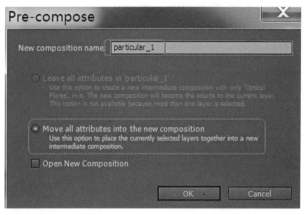

图 6-93

图 6-94

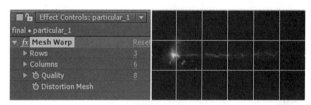

图 6-95

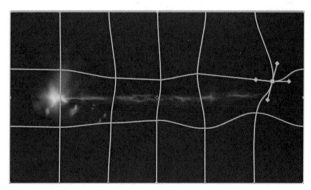

图 6-96

6.3.4　加强粒子效果

1. 按 Ctrl+A 组合键全选图层，按 Ctrl+Shift+C 组合键进行预合成，把所有效果"打包"（图 6-93）。

2. 选择"Particular_1"层，执行 Effects → Distort → Mesh Warp 添加 Mesh Warp 滤镜（图 6-94）。

3. 改变 Mesh Warp 滤镜的分段数（图 6-95）。

4. 点击网格相交的点可以出现活动手柄来调整曲线的形状（图 6-96）。

5. 按 Ctrl+D 组合键复制"Particular_1"层，将其命名为"Particular_2"。

6. 改变新复制的层的形状，继续在"Parti-cular_2"层调整 Mesh Warp（网格变形）（图 6-97）。

要注意保持两个粒子的两端要对齐（图 6-98）。

7. 改变"Particular_2"的图层混合模式为

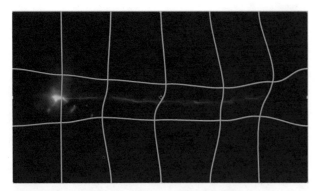

图 6-97

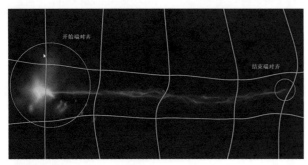

图 6-98

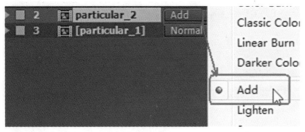

图 6-99

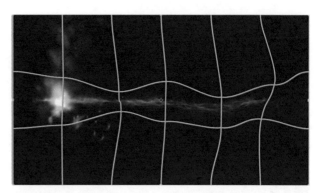

图 6-100

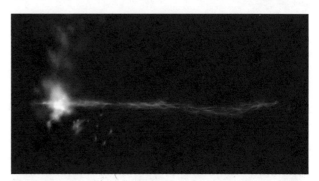

图 6-101

图 6-102

Add（图 6-99）。

8. 按 Ctrl+D 组合键复制 "Particular_2"，将其命名为 "Particular_3"。

9. 改变 "Particular_3" 层形状，区别 "Particular_1" 和 "Particular_2" 的形状，并查看效果（图 6-100、图 6-101）。

6.3.5 完成魔法碰撞

1. 按 Ctrl+A 组合键全选三个层，按 Ctrl+Shift+C 组合键进行预合成，并命名为 "Blue"（图 6-102）。

2. 选择 "Blue" 层，执行 Effects → Color Correction → Hue/Saturation 添加 Hue/Saturation 滤镜来改变魔法粒子的颜色。

3. 选择 "Blue" 层，按快捷键 P 打开位移参数，使粒子往右移动，并按 Shift+S 组合键，添加缩放属性，并适当缩小粒子（图 6-103）。

4. 在项目窗口，选择 "Blue" Comp，按 Ctrl+D 组合键复制出新的 Comp，命名为 "Red"。

5. 将 "Red" 导入到时间线上的 "final" 合成组里。

6. 修改 Position（位置）和 Scale（缩放）。

图 6-103

图 6-104

图 6-105

图 6-106

在调节缩放的时候把等比缩放链接取消掉，单独控制 X 轴的缩放参数为 −63（图 6-104）。

7. 选择 "Blue" 层的 Hue/Saturation 滤镜，按 Ctrl+C 组合键拷贝，选择 "Red" 层按 Ctrl+V 组合键粘贴，并且改变色相饱和度颜色，并查看

效果（图 6-105、图 6-106）。可以看到这时候粒子太相似了，有些呆板。

8. 双击 "Red" 层，进入 "Red" Comp 里，改变三个层的 Mesh Warp（网格变形）特效，改变其形状（图 6-107）。查看"final"的合成效果（图

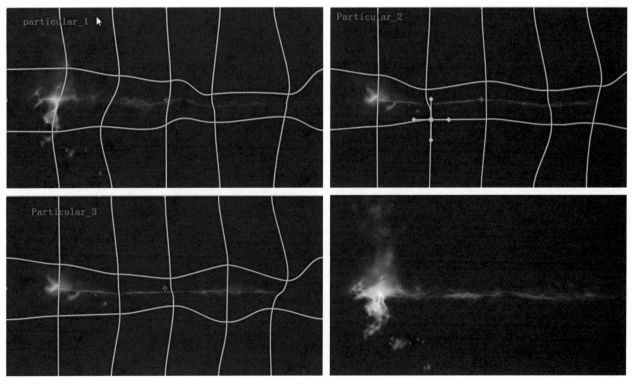

图 6-107

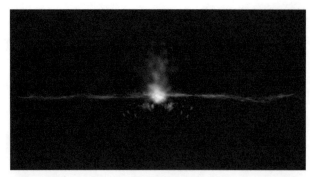

图 6-108

图 6-109

图 6-110

图 6-111

6-108），烟雾和流体的粒子还是比较相似的。

9. 在项目窗口双击"Particular_1"，进入合成组，剪切"烟雾"、"流体"和"地面"层，并复制"Emitter"灯光层到"Blue"合成组（图6-109）。

10. 选择，"烟雾"、"流体"、"地面"以及"Emitter"灯光层到"Red"合成。

分别改变"烟雾"和"流体"的 Particular 参数 Emitter 栏下的 Random seed（随机值），改变粒子的形态。

11. 选择"流体"层，也改变其 Random seed（随机值）参数，重新在 Physical（物理学）栏下找到 Bounce（反弹），在 Floor Layer（地面层）重新拾取地面层，并查看效果（图6-110）。

6.3.6 背景修饰

最后还需要将背景修改一下。

1. 按 Ctrl+Y 组合键建立固态层，命名为"背景"，颜色为黑色（图6-111）。

2. 选择"背景"层，执行 Effects → Generate → 4-Color Gradient（4色渐变）添加 4-Color Gradient 滤镜（图6-112）。

3. 改变参数设置 4 个角的颜色（图6-113）。

4. 分别改变"Red"和"Blue"层的图层混合模式为"Linear Burn"和"Add"，并查看效果（图

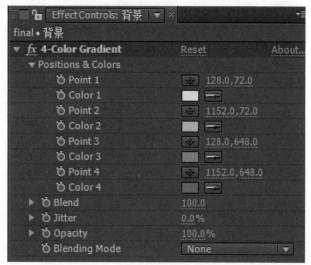

图 6-112

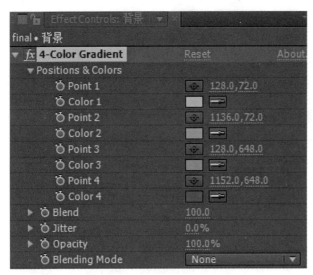

图 6-113

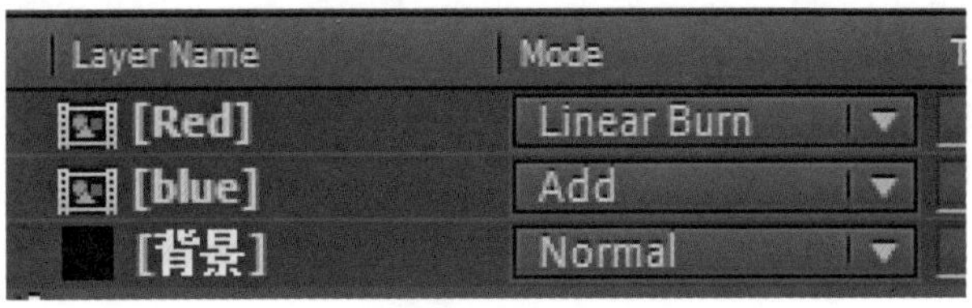

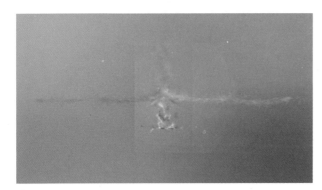

图 6-114

图 6-116

图 6-117

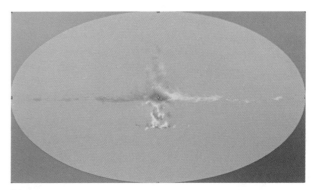

图 6-115

圆形工具并双击（图 6-118）。

软件会自动创建一个图层内最大的圆形遮罩（图 6-119）。

8. 选择"颜色遮罩"层，按 F 键，调出 Mask feather 参数，增大羽化值为 920，920 pixels（图 6-120）。

图 6-118

图 6-119

6-114、图 6-115）。仔细观察"Red"和"Blue"层，会发现颜色有错误，这是由于光效的添加，"Red"和"Blue"层都有溢色。

5. 两个图层添加一个 Effect → Matte → Simple Choker 滤镜，抑制一下颜色，不要增加得太多，否则会影响魔法粒子的细节（图 6-116）。

6. 新建固态层命名为"颜色遮罩"，颜色设置成淡蓝色（图 6-117）。

7. 选择"颜色遮罩"层，在工具栏切换到

图 6-120

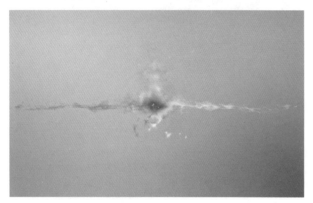

图 6-121

至此这个魔法的效果就基本完成，背景的颜色还可以自己调节，也可以尝试各种颜色风格来丰富美化魔法，让魔法粒子更加炫酷（图6-121）。

小结：

本章的重点是掌握滤镜的基本分类，这样在遇到没用过的粒子时，可以根据其分类进行最初的功能的判断。另外，网络上有大量的滤镜的综合运用的教程和案例，这些案例对滤镜的运用已经非常成熟和巧妙，有志于从事影视特效的话，需要对这些教程新效果的动向进行关注。

实时训练题：

1. 利用滤镜制作一段广告包装，效果要丰富且合理。

2. 用 Particular 来模拟火效果，为你的包装添加烟火特效。

第 7 章　跟踪与稳定

在本章中将学习跟踪的相关技巧和理论以及 After Effects 的跟踪功能。跟踪作为当今影视特技制作的基础操作，已经渗入了每一个特技镜头。跟踪的原理说起来相当简单，但是跟踪的作用却很强大，应用范围也极广。而稳定作为跟踪技术的一个延伸，是跟踪的最广泛的应用手段之一。跟踪与稳定是特效合成必须要掌握的技能。

7.1　跟踪的技巧和理论

跟踪就是在一个序列中逐帧的自动定位一个点或者一系列点乃至所有点的过程。它帮助使用者跟踪某一个物体或者稳定摄像机乃至创建一个立体空间。这个技术以单点的跟踪开始，进而使镜头稳定或者匹配上某一个物体的运动来完成一个合成。如今，跟踪这一技术已经包含了精确跟踪视频中的每一个点乃至创建复杂的立体空间的方案。

7.1.1　跟踪标记

跟踪技术需要其处理的素材有一个能够很好判断的位置依据。而在影视制作过程中，为了保证能够找到这个位置，常常会在拍摄的场景中安置跟踪标记，这已经是业内的共识了。但是，什么样的跟踪标记才是好的跟踪标记呢？有没有一种最好的跟踪标记的选择呢？每一个软件供应商和技术专家给出的答案却不尽相同，但他们的回答和建议却很让人吃惊。

"首先确保你的跟踪标记没有被风吹跑，"英国宽泰（Quantel）公司的 Steve Owen 开玩笑说，"在《与恐龙同行》中有一个趣事。本来是直升机

列队飞过，他们想要由电脑加入灭绝的三维恐龙。他们使用棒球作为标记，但是忽视了直升机的逆气流，这些气流将所有的标记都打乱了。费了好大劲才将其固定好。"

常见的跟踪标记是十字形的，但是也有点状的、圆形的与方形的（图 7-1）。而且不同的软件会有不同的算法，对于多种性状的识别也各有特色，这一点在众多软件供应商的答案中有所体现。

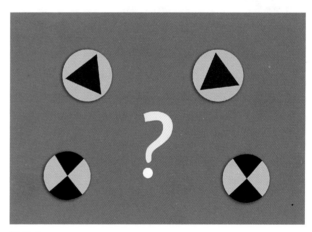

图 7-1

哪种跟踪标记是最好的？这一问题也是受摄像机正在做什么影响的。摄像机后退时，大的点缩小到小的固定点会出现问题；摄影机的位移旋转等运动、焦距和快门时间带来的运动模糊和景深也是需要考虑解决的。

"严格来说，一个简单的圈可以提供更强大的跟踪，因为它是旋转变化的。即便镜头中有旋转，跟踪点也是一样的。"Discreet 公司的 Marcus Schioler 说，"通常，当被跟踪的形状或是灯光条件改变的话，就可能发生跟踪丢失。因此，排除旋转变化是一个大的加分。使用变焦摄影和视角

变换的圈会跟踪得更好。"Curious Software 公司的 David Franklin 同意这一说法，"最重要的事情是在运动中跟踪标记的形状不会发生很大变化，你想要缩小由于旋转、视角变化等引起的改变。因此我说一个简单的球形或是圆是最好的。"

Digital Fusion 公司的 Rony Soussan 评论说："我们可以这么说，不存在正确或是错误的回答，这实际上都依赖于很多因素。跟踪标记有多近或是多远，摄像机正在拍摄一个洋娃娃还是一个锅。我做过 MTV 的跟踪，期间我们所做的就是黏胶带，但我们可以完美的跟踪它。与其说它是交叉的、圆的或是方的，不如说它是关于操纵跟踪软件的设计师的。不管别人怎么说，没有什么是自动的。话虽这么说，我已经运用三角做出了很多成绩，比圆形更有效，所以当标记改变大小的时候，跟踪标记为了跟踪缩放就会需要有角度。"

几年前，LED 跟踪器出现并流行一时，但是现在大部分专家认为除非在弱光条件下，否则 LED 并不是用来做跟踪的好的选择。"如果你正在使用的标记与图像的对比度高，我可能会选择 LED，"Franklin 说，"显然，LED 应该有非常好的对比度，但是我担心来自 LED 的眩光会使得到好的结果变得困难。"Digital Fusion 公司的 Soussan 同意这一说法，他已经发现发光的或是被照亮的物体，可以对照相机的镜头产生令人失望的结果，例如说发光和聚焦问题。然而，Discreet 公司的 Schioler 指出，在照明条件不好的情况下，比如当标记不可见或是在黑影中，使用 LED 标记是很有帮助的。

由于大部分的跟踪装置是单色的，所以有对比度的话会比较理想，但是大部分专家认为在运行特殊的颜色校正时会有作用。通常跟踪算法已经有一些色彩校正或是内置对比度扩展。Ron Brinkman 指出："如果 Shake 跟踪器的内部算法做不到的话，你也没有多少事是可以做的。""事实上，由设计师所做的色彩校正可能会增加信号扰动，对所做的跟踪产生消极影响，干扰跟踪。"Discreets 公司的 Schioler 说。

7.1.2 跟踪的误差问题

减少误差或者说提供更清楚的跟踪是成功跟踪的一个关键部分，尤其在四点摄像机跟踪中。跟踪从原理上来说，就不可能避免误差问题，好的跟踪会在最大程度上较少误差带来的影响。

跟踪技术可以通过简单的手动编辑，将误差较大的位置或是错误的位置移走。也可以通过删除关键帧和曲线的差值运算来填满空缺的办法来规避误差。

更高的清晰度能够较好地规避误差。比如，一些三维跟踪软件会针对分辨率更高的影片材料产生更好的摄像机跟踪。

但是有一点需要注意的就是不要缩小图像，大多数情况下，应该使用更大的跟踪取样范围。但需要注意运动模糊以及焦距变化，这是跟踪很难解决的问题。

7.1.3 三维跟踪

自从电影制作中出现了玻璃数字绘景和虚拟的透视场面，摄像几何就被使用了。摄像机角度投影是从建筑平面图和仰角中提取透视图的过程。它是基于场景的模板，是摄像机物镜视角可视化的标准方法。

三维跟踪技术是为了解决真实场景还原，尤其是真实拍摄环境还原的技术。最早的三维跟踪技术通常用来获得摄像机的位置和运动轨迹，以便将其作为虚拟摄像机，在虚拟场景中拍摄一段画面进行合成。当前的三维跟踪技术已经可以还原摄像机拍摄出的画面的真实空间，当然，这也受到了当今立体技术发展的影响。

三维跟踪通常要求在任意时间同时具备 8～11 个有效点。但是不需要为全部剪辑保留相同的点。与二维跟踪不同，在三维跟踪中常常会产生自动点。这就使得三维摄影机跟踪可以实现那些看起来不可能的跟踪。或许在一望无际的海上跟踪直升机的运动是最困难的任务之一，正如在电影《兵临城下》和《特洛伊》跟踪水面所实现的特效一样（图 7-2）。

图 7-2

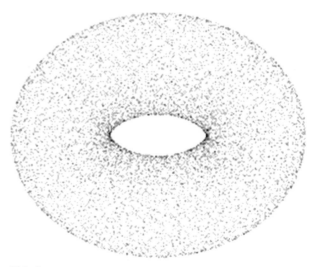

图 7-3

7.1.4　点云

在二维跟踪里面，强调的是数据曲线，包括动画曲线的导入、导出；那么在三维跟踪里面强调的是点云的导入、导出。

点云是三维坐标系统中的一些点的集合。这些点通常都定义在 x、y、z 空间坐标中，常用于反映一个物体的外表面。

点云通常由三维扫描设备创建。这种设备自动测量一个物体表面上大量的点信息，然后将其输出为一种点云的数据文件。点云就是这种设备测量的结果（图 7-3）。

作为三维扫描程序的结果，点云可以用于很多用途，包括标准化三维设备零件，质量检查和多种动画、渲染等可视化应用程序。

虽然点云能被直接编辑和渲染，通常在大多三维应用软件中不能直接使用，因此需要把点云通过一个表面重建的过程将其转换成多边形或网格物体，NURBS 曲面或 CAD 模型。有许多技术方法可以把点云转换成三维物体，如三角化，

alpha 形状和 ball pivoting 等，通过建立一个三角形网络覆盖点云的所有点来生成。

一些应用程序中，点云可以直接用于工业计量或检查。一个制造零件的点云可以与 CAD 模型结合起来，进行比对检查来发现哪里有差别。这些差别可以显示为一个颜色贴图，用于指示出制作零件和 CAD 模型之间到底有哪些差异。几何尺寸和偏差值也能直接从点云中分离出来。

点云也可以用于医学成像来反映体积数据。使用点云多重采样和数据压缩现在也能够实现了。

在地理信息系统中，点云信息也可以用来制作数字地理模型。点云还可以用于制作城市环境的三维模型等。

7.2　跟踪与稳定的操作

跟踪的操作是比较简单的，稳定是跟踪的一个应用手段。下面我们就通过两个案例来对跟踪和稳定进行讲解和分析。

7.2.1　跟踪案例

7.2.1.1　案例分析

本案例所要处理的素材是一段办公室的素材（图 7-4），而想要制作的特效是将电脑屏幕的画面替换掉。

图 7-4

本案例所要采用的是 After Effects 自带的 4 点跟踪功能，获得显示器的 4 个角在画面的运动轨迹，然后赋予要替换的素材的 4 个角，再通过简单的叠加就做到了替换的效果。

这个案例的效果是跟踪的经典应用，所以 After Effects 自带的 4 点跟踪功能是与 Corner Pin 滤镜自动关联的，操作相当便捷。

7.2.1.2 案例操作

1. 导入素材并创建 Comp

首先将素材 MVI_3631.MOV 导入到项目中（图 7-5），然后将项目保存为 track4point.aep 工程文件。

拖拽素材到 Project 窗口的合成创建按钮上，软件会根据 MVI_3631.MOV 的属性创建一个名为 MVI_3631 的 Comp（图 7-6）。

将 Comp 重命名为"跟踪"（图 7-7）。

2. 开始跟踪

通过 Window → Tracker 打开跟踪窗口，为了操作方便，可以将其移动到 Effect Controls 右

图 7-7

图 7-6

侧（图 7-8）。

选择 MVI_3631.MOV 层，按 Enter 键，重命名素材为"视频"（图 7-9）。

在跟踪窗口，将 Motion Source（跟踪源）选择为"视频"（图 7-10），然后双击"视频"图层进入 Layer 窗口（图 7-11）。

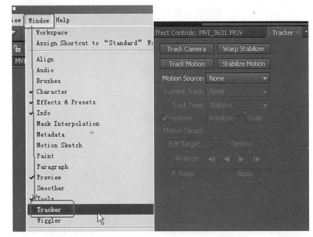

图 7-8

图 7-9

图 7-10

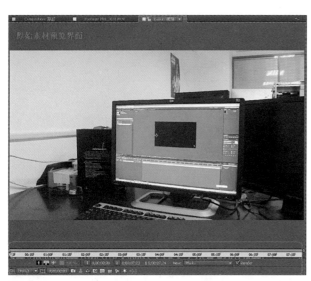

图 7-11

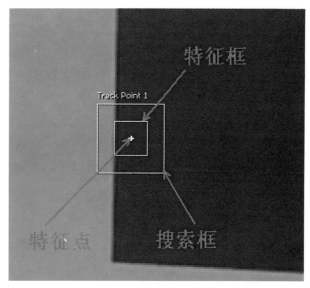

图 7-13

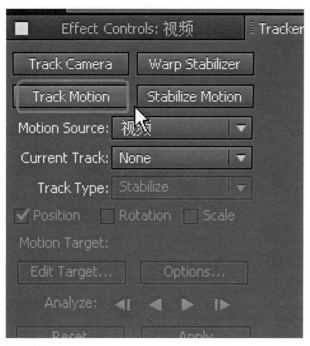

图 7-12

图 7-14

Perspective Corner Pin(透视跟踪)做 4 点跟踪(图 7-14)。

选择"视频"层，点击跟踪窗口的 Track Motion（跟踪动作）（图 7-12），然后 Layer 窗口会出现一个跟踪点。

跟踪点分为三部分，最外侧的外框是搜索框，用来划定搜索范围；内部的内框是特征框，用来确定搜索的依据；最中间的十字是特征点，用来确认跟踪出来的位置（图 7-13）。

在跟踪窗口选择 Track Type（跟踪类型）为

这时，画面会出现 4 个跟踪点，这 4 个跟踪点是有顺序的，从 Track Point1 到 Track Point4,把 4 个点从上到下、从左至右一次排列（图 7-15）。

移动跟踪点需要鼠标左键按住内框拖拽移动（图 7-16）。

依次拖动跟踪点的内框，移动跟踪点到显示器的 4 个边角位置,拖动后跟踪点会放大显示图像,方便我们观察内框所圈选的画面（图 7-17）。

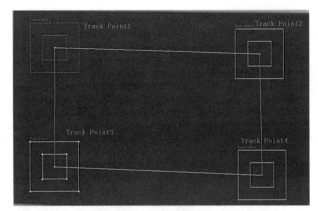

图 7-15

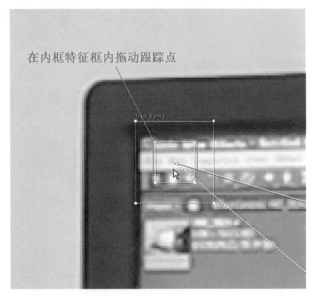

在内框特征框内拖动跟踪点

图 7-16

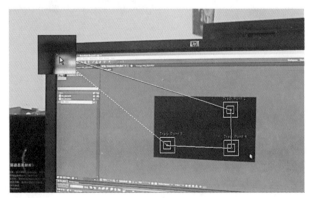

图 7-17

确认时间为 0 秒 0 帧，点击跟踪窗口的向前跟踪按钮（图 7-18）。

跟踪计算有四个方式：◀| 按钮可以向前（就是靠前的时间点）跟踪一帧；◀ 按钮可以向前跟

图 7-18

踪到起始位置；▶ 按钮可以向后跟踪到结束位置；|▶ 按钮表示向后跟踪一帧。

跟踪计算后可以看到 4 个跟踪点已经跟踪了显示器 4 个边角的运动路径，浅蓝色的点就是跟踪点的运动轨迹，我们得到了这 4 个点的轨迹（图 7-19）。

3. 替换画面

导入素材"pic"到 Project 窗口（图 7-20）。

将素材拖动到时间线的"跟踪"Comp 中，置

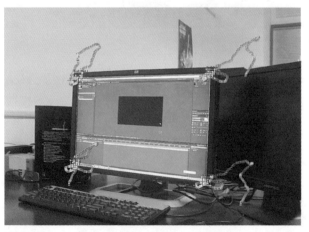

图 7-19

图 7-20

于"视频"层上方并查看效果（图 7-21、图 7-22）。

双击"视频"层，再次进入 Layer 窗口，在 Tracker 窗口，单击"Edit Target...（编辑目标）"按钮（图 7-23）。在弹出的 Motion Target 窗口选择默认的"视频"，然后点击"ok"。

再回到 Tracker 窗口，单击 Apply（应用）按钮，切换回"跟踪"Comp，并查看效果（图 7-24、图 7-25）。

这样就完成 4 点跟踪，预览视频，调整"pic"层的色彩和边缘，使合成更加真实完美。

注意：如果在开始跟踪的时候有的点并没有跟上，可以手动去调整那一帧的点，然后继续跟踪（图 7-26）。

7.2.1.3

通过本案例，可以了解到跟踪操作的基本顺序。第一步是确认跟踪的形式，位置跟踪还是旋转、缩放跟踪，或者四点跟踪等；第二步是选择跟踪的对象以及设置跟踪点的位置；第三部是跟踪计

图 7-21

图 7-22

图 7-23

图 7-24

算以及修正跟踪轨迹；第四步是应用跟踪结果。

跟踪的核心是获取特定的画面的位置变化，然后根据跟踪工具的功能运用这些位置变化的数据。稳定就是其中一种应用最广泛的特效手段。

图 7-25

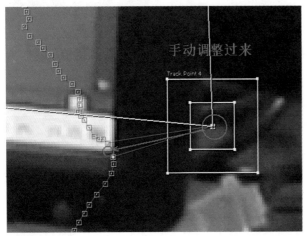

图 7-26

7.2.2 稳定案例

画面的稳定是跟踪技术的延伸,主要作用是解决前期拍摄的一些问题。试想一下如果我们在船上拍摄海上的镜头时,往往会受到海浪的影响,造成摄影机所拍摄的画面起起伏伏不是很稳定。这种画面如果直接放到银幕上效果不好(排除影片所需要特殊的镜头语言的情况),甚至会造成观看者的不适,而且这样的镜头在我们进行视觉特效制作的时候也是比较困难的。同样镜头的抖动和画面稳定类似,都是为了减少拍摄时给画面造成的影响。

7.2.2.1 案例分析

本案例是对手动拍摄的一段视频进行稳定操作,使其能够保持平稳的画面效果(图 7-27)。

这段素材有比较多的平行线,并且有较多的可跟踪点,是一段比较好处理的素材。

图 7-27

7.2.2.2 案例操作

1. 导入素材并创建 Comp

导入素材"mov"至 Project 窗口,然后将素材拖入新建合成按钮,建立合成"mov"(图 7-28)。

2. 稳定前的准备

预览画面,会发现画面的镜头有畸变,跟踪前需要首先矫正镜头。

选择"mov"层,执行 Effect → Distort → Optics Compensation(光学补偿)添加 Optics

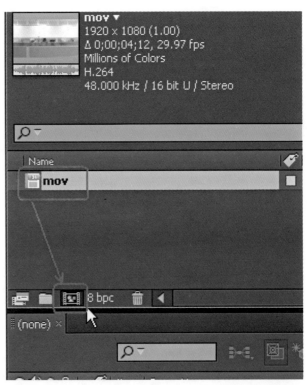

图 7-28

Compensation 滤镜。然后打开 Composition 窗口的 Rulers（标尺，图7-29），然后会看到合成窗口边缘的显示标尺（图7-30）。

图 7-29

在标尺边框内，用鼠标拖出水平线，分别对齐墙面上的线和隔板上的线（图7-31）。标尺的作用是用来确认矫正镜头的效果的。

调节 Optics Compensation 滤镜的参数，使画面多种特定位置与水平线基本对齐即可（图7-32）。

矫正后的效果如图，这时再进行跟踪就比较好了（图7-33）。

按 Ctrl+Shift+C 组合键对图层进行预合成，命名为"mov"，选择 Move all attributes into the new compositon 选项，将 Optics Compensation 滤

镜随图层携带（图7-34）。

3. 开始跟踪

打开 Tracker 窗口，在 Motion Source（运动源）选择"mov"。

选择"mov"层，再点击 Tracker 窗口的 Track Motion，在 Track Type 里选择"Stabilize（稳定）"（图7-35）。

勾选"Rotation（旋转）"选项（图7-36），这时合成窗口会出现两个追踪点（图7-37）。

分别移动两个跟踪点到合适的位置（图7-38）。位置的选择不一定要水平，只要选择两个

图 7-32

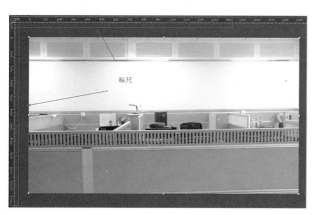
图 7-30

图 7-33

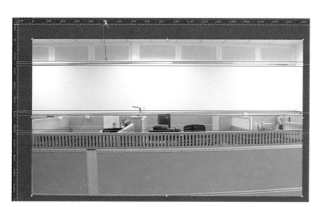
图 7-31

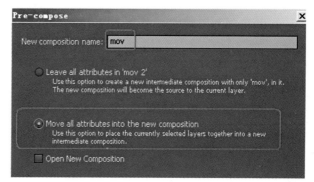
图 7-34

图 7-35

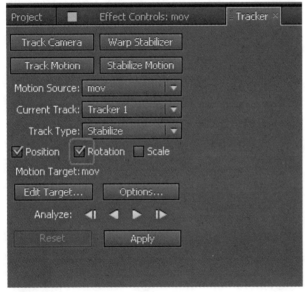

图 7-36

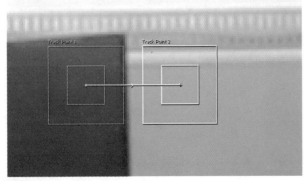

图 7-37

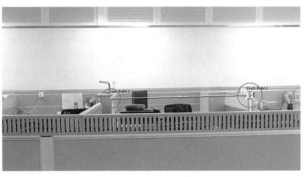

图 7-38

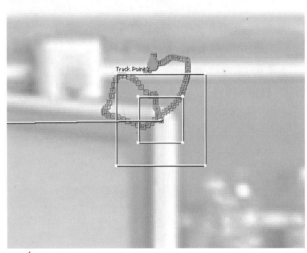

图 7-39

不应该发生相对移动的点即可。

将时间调制 0 秒 0 帧，点击 Tracker 窗口的 ▶ 按钮向后跟踪，跟踪点的轨迹如图（图 7-39）。

4. 应用稳定效果

单击"Edit Target"按钮，在弹出的 Motion Target 窗口选择"mov"，单击 OK 确认（图 7-40）。

点击 Apply 按钮，在弹出的 Motion Tracker Apply Option 窗口选择 X and Y，点击 OK 确认（图 7-41）。

预览跟踪效果，会发现跟踪后视频有黑边，这是因为稳定图像后，画面有旋转的结果（图 7-42）。

选择 mov 层，按"S"键，调出缩放参数进行适当的放大（图 7-43）。这样就会避免黑边。

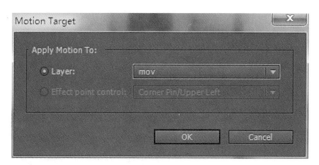

图 7-40

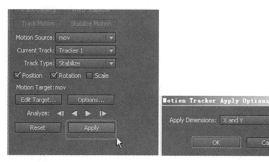

图 7-41

图 7-42

图 7-43

　　预览跟踪效果，会发现画面基本稳定了（图7-44）。这段素材就是可用的素材了，接下来无论是添加特效还是直接剪辑都可以顺利进行。

图 7-44

小结：

　　跟踪技术本身并不困难，经过一定的练习之后，就可以掌握基本的跟踪技术。跟踪还有一种比较复杂的摄像机跟踪功能，下一章的综合实例中将于进行运用和分析。

　　如果有可能，学习时应该掌握前期拍摄的第一手的实践经验，也可以通过全国各地的影视动画基地以及每年的设备展会了解相关技术的发展动向。

实时训练题：

　　1. 拍摄一段素材，可以是广告牌或者公交车站牌，然后把广告牌或公交车牌替换为其他图片或者视频，注意物体要很自然地贴合到要替换的位置，并且跟着镜头运动。

　　2. 为你用摄像机或手机手持拍摄后的视频做稳定，看看哪些拍摄的素材稳定后的效果会好些，可以运用推、拉、摇、移等镜头手法，尽量手持。

第 8 章 综合案例分析

本章的主要内容是一个特效镜头的制作案例，既是为全书的内容做一个总结，也是为了能够将合成的完整流程展现一下，这个案例的步骤最为完整全面。

8.1 制作前的分析

这段素材是演员行走在小路上，我们希望能够将二维的元素加入进来。那么，可以预计制作过程是这样的：首先，获得空间运动的信息，也就是摄像机轨迹，这样在添加各种元素时，就不需要考虑摄像机运动带来的变化了；其次，制作二维的元素；再次，将二维的元素与素材画面进行融合；最后，进行一些修饰和调整。

8.2 跟踪阶段

在这里，我们选择一个优秀的插件 Camera tracker 来完成摄像机轨迹的追踪。

1. 按 Ctrl+N 组合键新建合成，命名为"tracker"，持续时间是 2 秒 16 帧（图 8-1）。

2. 导入素材"people.mov"视频，并且按 Ctrl+Y 新建固态层，命名为"mask"，颜色设置为比较高亮醒目的颜色，比如红色（图 8-2、图 8-3）。

3. 选择层"mask"，按快捷键"T"，单独打开透明度属性，调节为 44 左右，使下方的视频能

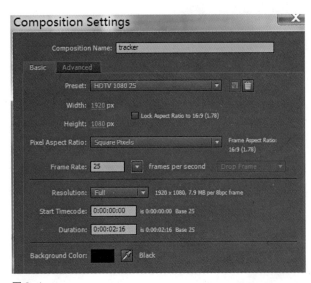

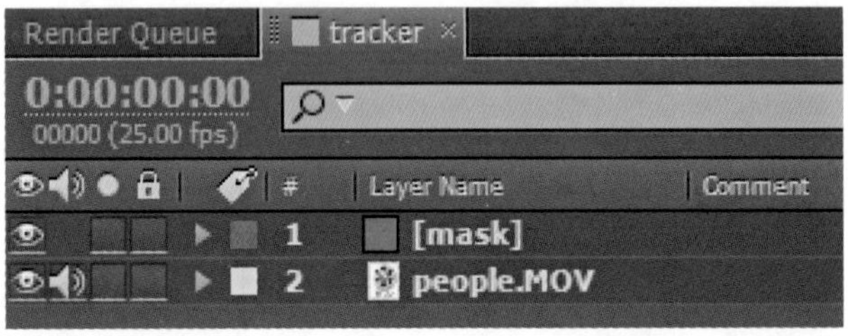

图 8-2

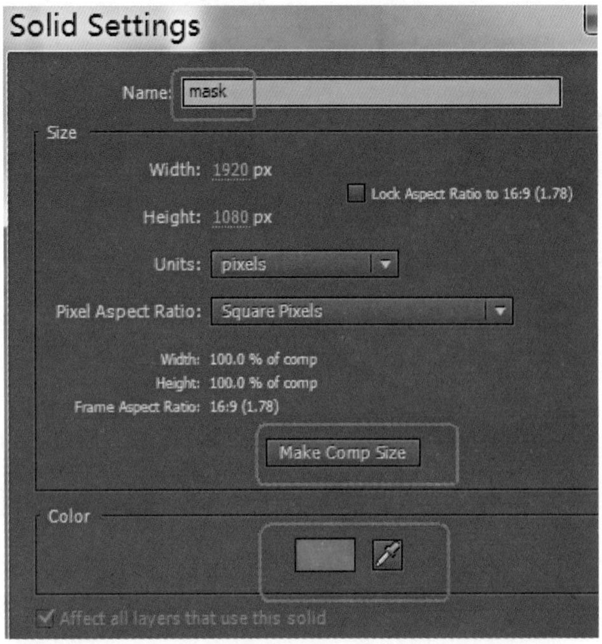

图 8-1

图 8-3

图 8-4

图 8-5

图 8-6

图 8-7

图 8-8

显示出来（图 8-4）。

4. 选择层"mask"，在工具栏选择钢笔工具，根据人物的外轮廓绘制遮罩（图 8-5）。

5. 按快捷键"M"，调出遮罩 Mask 的 Mask Path(路径形状)参数，在 0 秒打开关键帧记录器(秒表，图 8-6)，然后以此类推，分别调整后边人物的遮罩，使遮罩的每一帧都完全盖住人物，我们可以移动关键帧来设置遮罩的关键帧动画，这样免去了逐帧调整的麻烦。

6. 调整完成后我们再拖动时间指针，检查一遍有没有漏掉的地方（图 8-7）。

7. 可以用选择工具，一次选择多个遮罩的点，多点移动，调整更快速（图 8-8）。

8. 选择钢笔工具，按住"Alt"键，拖动点，会拉出一个控制手柄，手柄两端可以调整曲线的弯曲度（图 8-9）。

9. 制作遮罩动画（图 8-10）。

10. 选 择"people"层，执 行 Effect/The Foundry/Camera Tracker(1.0)(摄像机跟踪者)，为该层添加三维跟踪特效（图 8-11）。

观察 Camera Tracker 特效的界面，它将跟踪分为 5 部分（图 8-12），也是一般跟踪摄像机

图 8-10

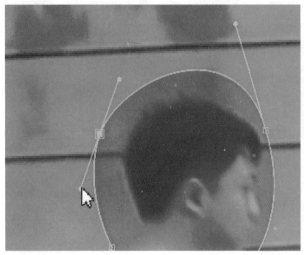

图 8-9

图 8-11

图 8-13

图 8-12

需要的 5 步骤：

（1）Matte Source（遮罩来源）—添加遮罩（排除影响跟踪结果的物体）；

（2）Track Features（跟踪特征）；

（3）Solve Camera（反求摄像机）；

（4）Create Scene（建立三维场景）；

（5）Lens Disortion（镜头矫正）。

每一个步骤缺一不可，而且在每一个步骤，

我们都会在后面一一讲解为什么要这样操作。注意：在一般的情况下我们要知道视频拍摄时是什么焦距的镜头，这样就会根据一定的算法来矫正镜头的畸变，所以第一步也是要矫正镜头的扭曲。

11. 首先选择"mask"层，按快捷键"T"调出透明度，改为 100（图 8-13）。

12. 预合成一下"mask"层，按快捷键"Ctrl+

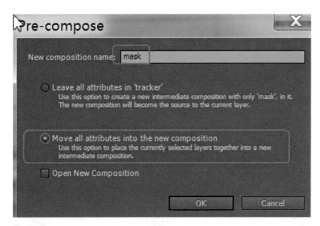

图 8-14

图 8-15

图 8-16

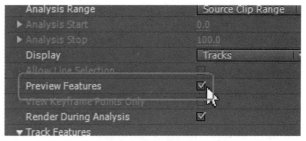

图 8-17

图 8-18

Shift+C"预合成,命名为"mask",参数如图(图 8-14)。

13. 关掉"mask"层的图层可见性(图 8-15)。

14. 在 Matte Source(遮罩来源)下拉菜单选择"Matte Alpha(蒙版通道)"作为遮罩,然后在 Analysis Range(分析范围)下拉菜单选择"mask"作为遮罩蒙版(图 8-16)。由于要跟踪的是场景,那么人物移动会影响到跟踪的结果,所以我们载入之前建立好的遮罩,屏蔽掉人物身上的点,使追踪结果不容易出错。

15. 接下来预演一下追踪的结果,点击 Preview Features(预览特征)的方框,勾选激活选项(图 8-17)。这样我们就能提前预演一下结果,记住这只是预演而并非真正的计算结果,我们可以看到橙色的点(图 8-18),这就是预演的追踪点,可以看到有很多点会出现在地面和墙面交叉线的位置。

16. 继续看底下的参数。在 Tracking 栏展开,看到 Number of Features(特征数量),也就是追踪点的数量,数值越大,追踪点就越多,追踪的结果越精确,同时追踪计算的过程也越慢;反之则追踪点越少,越不精确,计算速度相对于追踪特征点多的时候快(图 8-19)。

这里我们默认的是 150,是一个比较适中的参数(图 8-20)。

17. 其他参数不变,直接点击 Track Features(跟踪特征),然后它会自己计算寻找场景的跟踪点,会正序计算一遍,还会反序倒着修正一遍结果,这个追踪的时间大部分取决于素材的质量大小、特征点的多少(图 8-21)。

18. 继续点击 Solve Camera(反求摄像机,图 8-22)。

计算结束后会弹出对话框,显示的是计算的结果,解算 Reference frame(参考帧)=36

图 8-19

图 8-20

图 8-21

图 8-22

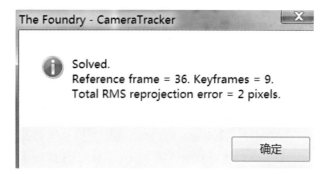

图 8-23

keyframe（关键帧）=9 Total RMS reprojection error（解算的误差）=2 像素（图8-23）。

19. 完成摄像机反求后，我们会看到很多的红线和绿线（图8-24）。

仔细观察一下绿色线上会有交叉的点，这个点就是特征点，而线就是特征点运动的路径。而红色代表追踪点为坏点（图8-25）。

20. 展开 Refine（改善）栏，找到 Delete Rejected（删除不合格的）和 Delete Unsolved（删除未计算的），来删除追踪后红色的线，并查看结果（图8-26、图8-27）。

21. 拖动时间指针来观察一下反求的结果，发现在视频开始的阶段有灯柱的边缘也有追踪点，这是不正确的点，它会随着视角的移动而变化，我们追踪的是固定不变的特征点，所以在追踪之前除了把人物遮上以外，还要将这个灯柱遮住，以免后面的工作麻烦，这里我们只要框选错误的点，按 Delete 键直接删除即可，反复检查视

图 8-24

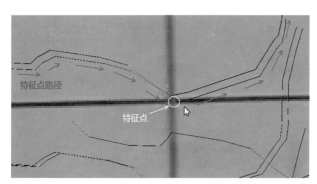

图 8-25

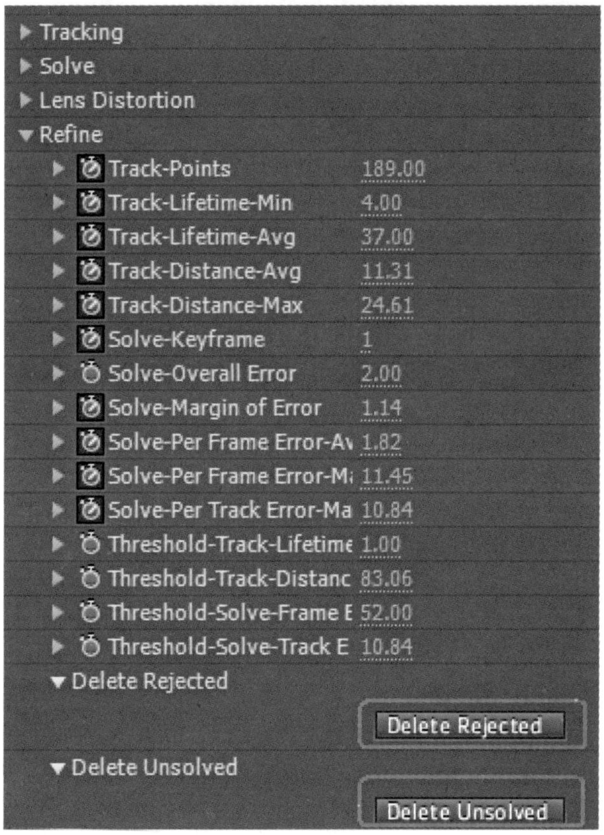

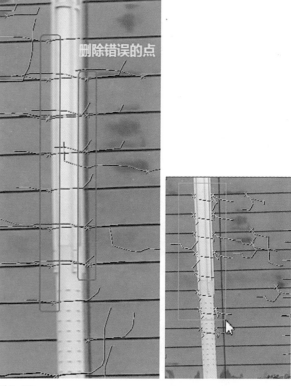

图 8-28

图 8-26

图 8-29

图 8-27

频，看有没有漏掉的点，并查看结果（图 8-28、图 8-29）。

22. 点击 Create Scene（建立三维场景），会自动建立摄像机和一个固态层（图 8-30、图 8-31）。

23. 点击 Toggle 2D/3D（二维／三维开关），然后切换合成视图为 Custom View1（自定义视图 1，图 8-32）。

24. 在时间线层的空白处鼠标右键点击 New

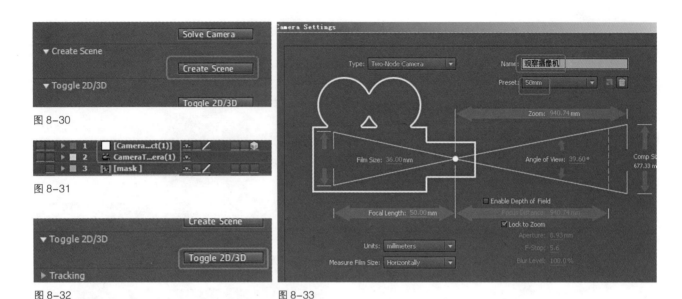

图 8-30

图 8-31

图 8-32

图 8-33

图 8-34

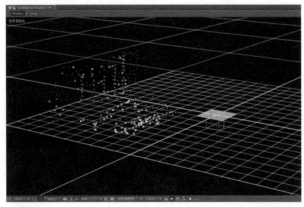

图 8-35　　图 8-37

图 8-36

（新建）/Camera...（摄像机），新建一个摄像机，命名为观察摄像机，Preset（预设）为 50mm 焦距的镜头，点击"ok"建立摄像机（图 8-33）。

25. 在合成窗口选择"观察摄像机"（图 8-34），会看到观察摄像机视图，我们就可以从三维的场景下观察追踪的点阵云和解算反求的摄像机，这个摄像机是运动的，选择摄像机工具，或者按快捷键 C，我们可以利用摄像机工具（图 8-35）。通过鼠标的"左、中、右"键来分别移动、旋转、缩放视图（图 8-36）。

注意：如过没有鼠标中键，我们可以在工具栏按住摄像机工具，会弹出隐藏的菜单，这里显示的就是摄像机的视图操作工具，Orbit Camera Tool（旋转视图）、Track XY（平移视图）、Track Z Camera Tool（缩放视图，图 8-37）。

8.3　通过固态层组建三维空间

1. 这些点阵云显示了场景的地面和墙面的追踪点，场景建立后我们还要设定一下哪个是地面，返回到摄像机视图（图 8-38），然后再次点击 Toggle 2D/3D 切换为二维视图（图 8-39）。

2. 按住 Shift 点选地面上的点，选择 4 个点即可将这些点更加精确地放在地面上，注意我们尽量选择绿色的路径中比较长的点，这样计算会

图 8-40

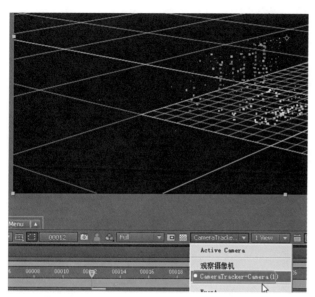

图 8-38

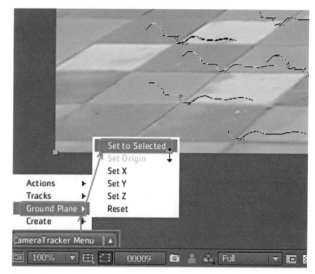

图 8-41

更加精确（图 8-40）。

3. 找到合成窗口的左下角，设定这 4 个点在一个平面上，选择 Camer Tracker Menu（摄像机追踪菜单）／Ground Plane（地面设定）／Set to Selected（设定选择的，图 8-41）。

选择的 4 个点会变成桃红色，表明 4 个点已经被设定为地面，然后有空物体垂直于地面显示（图 8-42）。

4. 继续选择这 4 个点，点击合成窗口左下角的摄像机菜单，或者直接在合成窗口按住 Ctrl键，同时鼠标左键单击图像也会调出菜单，选

择 Camera Tracker Menu（摄像机追踪菜单）／Create（建立）／Solid（S）（固态层），我们会根据这 4 个点建立一个三维的固态层（图 8-43、图8-44）。

5. 这样就建立好了参考的层，接下来我们可以选择新建立的固态层，调整它的大小来匹配

图 8-39

图 8-42

图 8-43

图 8-44

图 8-45

图 8-46

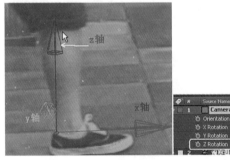

图 8-47

地面的大小，宽尽量不变，稍微拉长一些（图8-45）。

6．仔细观察固态层边缘有没有和墙面与地面的交界线平行（图 8-46）。

7．按工具栏的旋转工具，在 z 轴旋转固态层，或者选择固态层，按"R"键调出旋转属性调整 z 轴属性，使固态层紧贴墙面与地面交界处即可（图8-47、图 8-48）。

8．选择固态层"CameraTracker-Solid (2)"，按 Ctrl+D 组合键复制该层（图 8-49）。

9．向左移动 X 轴，使固态层向左移动并对齐（图 8-50）。

10．复 制"CameraTracker-Solid (2)"层，然后向右移动该层对齐（图 8-51）。

11．选择层"people.MOV Comp 1"，在特效控制台点击 Camera Tracker 特效（图 8-52）。

12．合成窗口出现之前的追踪点，选择墙上的4 个点，建立固态层（图 8-53）。与之前的操作一样，复制并排列好顺序，并查看效果（图 8-54）。

13．切换到"观察摄像机"视图，来看一下 6个固态层与追踪点的空间关系（图 8-55）。

14．点击 Toggle 2D/3D 切换三维视图，利用摄像机工具来操纵视图观察，查看建立的固态层与点之间的空间关系（图 8-56）。

图 8-48

图 8-49

图 8-50

图 8-51

图 8-52

图 8-53

图 8-54

图 8-55

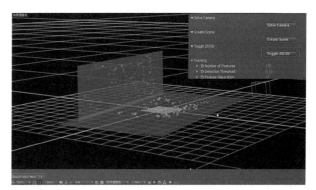

图 8-56

图 8-57

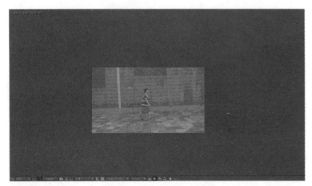

图 8-58

15. 切换回 "CameraTracker-Camera（1）" 视图，点击 Toggle 2D/3D 切换二维模式（图 8-57）。

这样我们建立好了固态层的三维空间（图 8-58）。

8.4 添加底纹

1. 导入一个带透明通道的生长花藤的动画视频 "002_MDT01_Filigreen&Scrolls_A.mov"。

2. 然后选择地面中间的固态层 "Camera Tracker（2）" 如图 8-59 所示。

3. 在项目窗口找到素材 "002_MDT01_Filigreen&Scrolls_A.mov"，按住 Alt 键，鼠标左键按住图层拖动到固态层 "Camera Tracker（2）" 上，松开鼠标，这个固态层就被替换成了生长动画的图层（图 8-60）。

这样做的好处就是不用再重新导入素材排放它的位置，因为之前已经做好了参考的固态层，

图 8-59

图 8-60

图 8-61

新导入的素材只要替换当前的参考层就可以稳稳地贴在地面和墙面上。

4. 由于图片被缩放得太大了，选择 "002_MDT01_Filigreen&Scrolls_A.mov" 层，按 S 键打开缩放属性，调整大小，并查看效果（图 8-61、图 8-62）。

5. 旋转花藤层，按 R 键，调出旋转属性，调整其 Z 轴参数，使花藤顺着人物行走的方向生长（图 8-63）。

6. 保证花藤在视频的开始就出现，利用坐标轴来调整其位移参数（图 8-64）。

7. 选择 "002_MDT01_Filigreen&Scrolls_A.mov" 层，按 Ctrl+Shift+C 组合键预合成该层，选择第一个选项，命名为 "藤蔓生长"（图 8-65）。

图 8-62

图 8-63

图 8-64

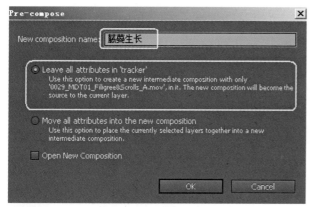

图 8-65

时间线上出现了"藤蔓生长"图层（图 8-66）。

8. 双击"藤蔓生长"层，进入其合成组，可以看到图像是黑色的背景和白色的花，这是由于背景默认是黑色的，花藤也是黑色的，所以显示不出来。选择"002_MDT01_Filigreen&Scrolls_A.mov"层，执行 Effect/Generate/4 color Gradient（4 色渐变）来改变花藤的颜色（图 8-67）。

四个颜色分别设为：0，255，222；249，246，9；189，33，33；0，0，255（图 8-68）。

图 8-66

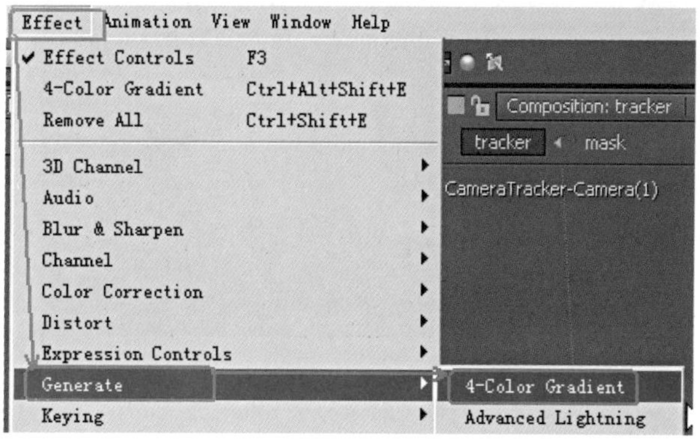

图 8-67

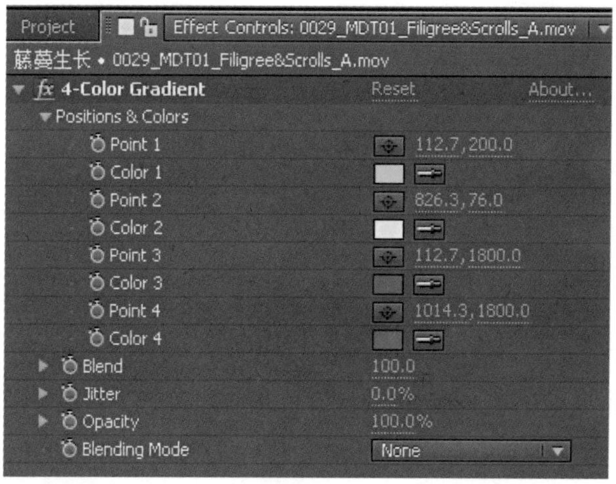

图 8-68

图 8-69

图 8-70

图 8-71

图 8-72

图 8-73

查看四个锚点位置（图 8-69）。

9. 回到"tracker"合成，选择"藤蔓生长"层，按"T"键调整透明度为 100（图 8-70）。设图层混合模式为 add（图 8-71）。

10. 关掉其他红色固态层的可见性，并查看效果（图 8-72、图 8-73）。

11. 为了让图更好地和地面融合，需要模糊"藤蔓生长"层，执行 Effect/Blur&Sharpen（模糊与锐化）/Fast Blur（快速模糊，图 8-74）。

12. 将 Blurriness（模糊）参数设为 16（图 8-75）。

13. 为"藤蔓生长"层添加 Effect/Stylize（风格化）/Glow（辉光），调整数值并查看添加滤镜后的效果（图 8-76、图 8-77）。

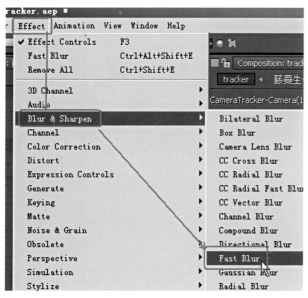

图 8-74

图 8-75

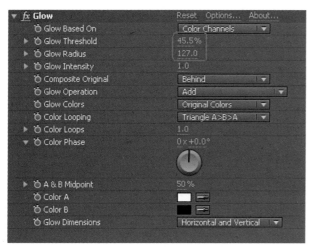

图 8-76

图 8-77

14. 预览下"藤蔓生长"层，可以发现它在 1 秒 17 帧就消失了（图 8-78），也就是持续时间太短了，可以延长持续时间，但是动画会被变慢。

15. 点击界面的最下角的小图标，然后会看到时间线会有变化，会多出 4 个选项分别控制图层的 In（开始点）、Out（结束点）、Duration（持续时间）和 Stretch（伸缩，图 8-79）。

16. 通过调整"藤蔓生长"层的 Stretch（伸缩）的数值来延长时间（图 8-80）。

图 8-78

图 8-79

图 8-80

8.5　添加墙壁的箭头滑动出现的效果

1. 建立固态层"Ctrl+Y"设置颜色为白色，命名为"箭头路径"（图 8-81）。

2. 选择钢笔工具，在"箭头路径"图层绘制路径（图 8-82）。

3. 选择"箭头路径"层，执行 Effect/Trapcode/ 3D Stroke（三维描线，图 8-83）。

这个特效是根据路径做描线的动画，可控制的参数还有很多，比如粗细的变化，可以制作更加丰富的效果。

设置 3D Stroke 的参数，并且在 0 秒位置，要想使路径有描线的动画，可以通过 End 的参数来控制。打开 End（结束点）关键帧记录器（秒表），设置参数为 0（图 8-84），在 16 帧位置设置 End 参数为 100，并查看效果（图 8-85）。

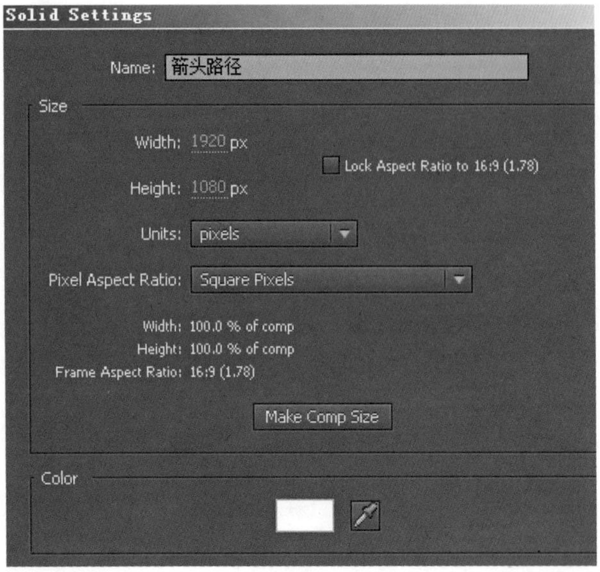

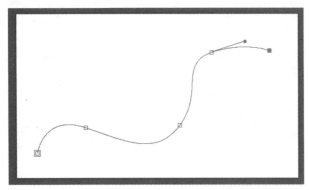

图 8-81

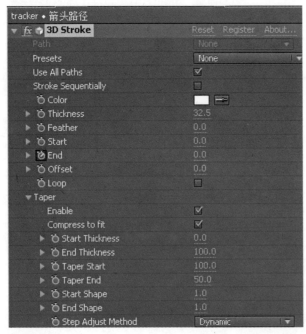

图 8-82

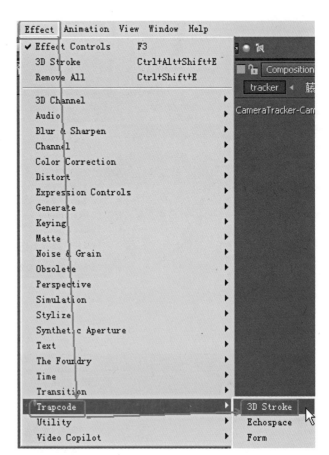

图 8-83

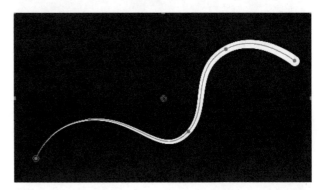

图 8-84

图 8-85

4. 执 行 Layer（图 层）/New（新 建）/ Shape Layer（形状图层，图 8-86）。

5. 按住工具栏矩形工具，会弹出下拉菜单，选择 Polygon Tool 多边形工具，然后选择形状图层，在合成窗口拖出一个多边形（图 8-87）。

6. 打开"Shape Layer 1"层和"箭头路径"层的独显开关，单独显示这两个图层（图 8-88）。

7. 展 开"Shape Layer1" 层 属 性， 在

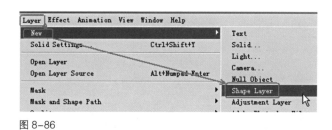

图 8-86

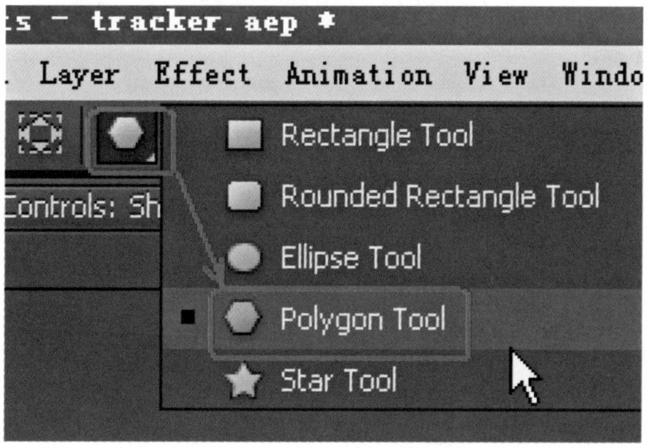

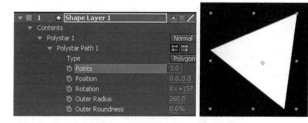

图 8-89

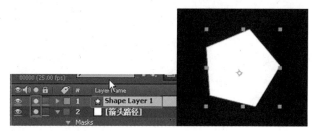

图 8-87

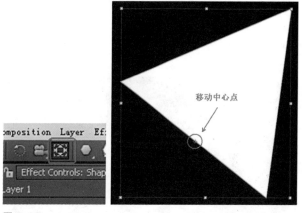

图 8-90

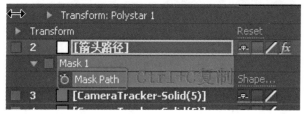

图 8-88

图 8-91

Contents（内容）/Polystar 1（多边形1）/ Polystar Path 1（多边形路径1）/Type（类型）/ Points（顶点）设置顶点数为 3，建立三角形（图 8-89）。

8.调整三角形的中心点，在工具栏选择中心 点工具，移动到三角形任意一条边的中点位置（图 8-90）。

我们要让箭头随着刚才绘制的路径动画一起 动，并且在路径的起始位置，最后效果是箭头带 动路径动画。这个效果的实现，一般的手法就是 一帧一帧去调整箭头的动画与路径，动画匹配就 可以做到，但是这样做很麻烦，也不是那么精确， 这里介绍一个简单实用的方法。

9.选择"箭头路径"层，按"M"键，调出 路径的形状参数，点击参数名字按 Ctrl+C 组合键 复制（图 8-91）。然后选择"Shape Layer 1"层， 按 P 键调出该层的位移参数，点击 Postion 参数名， 按 Ctrl+V 组合键粘贴，我们就会看到路径转换为 了位移动画（图 8-92）。

我们会遇到几个问题：首先，新复制的路径 转换的动画路径和"箭头路径"层的动画参数时 间不同步；其次，箭头太大了（图 8-93）。

10.分别调整参数，选择"箭头路径"层，按 U 键，调出该层动画的参数 End，对比"Shape Layer1"层的 Position（位移）属性动画，我们全 选位移的关键帧，按住 Alt 键，同时向左拖动关

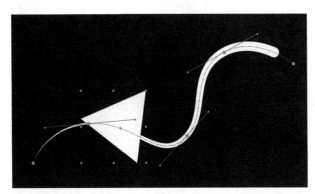

图 8-92

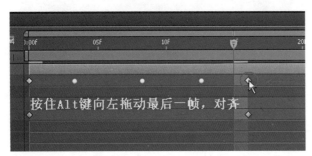

图 8-93

图 8-94

图 8-95

图 8-96

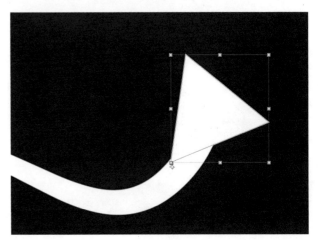

图 8-97

键帧的最后一帧对齐到下方图层 End 参数的最后一帧位置，也就是 16 帧的位置，我们看到所有关键帧整体调整了位置，而且还保持着相对的位置间隔，这样的话我们就可以整体缩放关键帧了（图 8-94）。

11. 展开"Shape Layer1"层 Outer Radius（外半径）参数缩小为 126 左右，并查看缩小后的效果（图 8-95、图 8-96）。

12. 然后我们看第 9 帧比较明显地显示三角没

有沿着路径的方向来运动（图 8-97）。

13. 选择三角形，按 Ctrl+Alt+O（字母 O）组合键，打开 Auto-Orientation（自动方向），选择 Orient Along Path（沿着路径方向，图 8-98）。

之后就会看三角形随着移动而自身也旋转，这个旋转的方向是和路径的运动方向一致的，如果三角形的方向不对，这时我们只要调节它的旋转值就可以了，展开在 Contents（内容）/

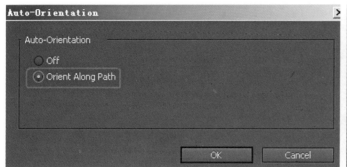

图 8-98

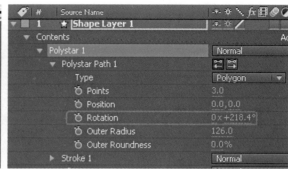

图 8-99

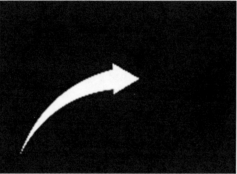

图 8-100

Polystar 1（多边形 1）/Polystar Path 1（多边形路径 1）/Type（类型）/Rotation（旋转）参数，调节参数直到三角形的旋转方向正确（图 8-99）。

14. 再给三角形的 Outer Radius（外半径）做关键帧动画，把时间指针移动到第 7 帧，打开秒表记录关键帧，然后回到 0 帧改变参数为 0，这样一个三角形从小到大的缩放动画就做好了（图 8-100）。

注意：尽量不要调整形状图层的公共属性，那样会影响到整体的位移动画，我们需要展开形状图层里面包含的图形属性，改变它们的参数不会影响到整体，图形和形状层的关系是子一级与父一级的包含关系，一个形状层可以包含多个图形，它们都有各自的属性，但是都要被形状图层的公共属性所控制影响（图 8-101）。

15. 这样我们就制作好了一个箭头描边的动画，把这个动画合到场景里，那么先选择两个层，把它们的图层独显关掉，Ctrl+Shift+C 预合成一

下，命名为"箭头动画"（图 8-102）。

16. 选择"Camera Tracker-Solid（5）"层，按 Ctrl+D 组合键复制该层，然后在项目窗口找到"镜头动画"合成组，将该组按住"Alt"键拖动到"Camera Tracker-Solid（5）1"的副本层，也就是墙面中间的图层副本，并且删除之前合成组里

图 8-101

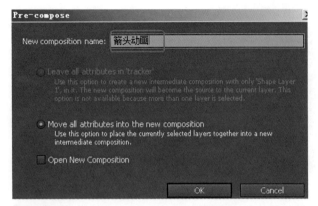

图 8-102

图 8-103

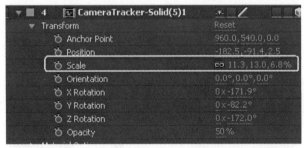

图 8-104

图 8-105

的"箭头动画"层（图 8-103）。

17. 改 变 "Camera Tracker-Solid（5）1" 的名字为"箭头"，由于图层太大了，需要调整一下它的缩放，按 S 键，调整缩放值（图 8-104）。

18. 关掉其他参考的红色层，看一下效果（图 8-105）。

8.6 遮罩修饰

通过添加花藤动画和箭头动画，使动画栩栩如生地在地面和墙面上贴合了起来，像是动态的涂鸦一样，但是我们又会遇到一个问题，当人物与涂鸦有相交的位置时，涂鸦会盖到了人物身上（图 8-106）。

这时可以利用钢笔工具，画出人物的轮廓，然后让路径根据人物的轮廓做动画，把人物逐帧扣出来，这种方法叫做"Roto"。

1. 先复制"People"层（图 8-107）。

2. 把新复制的层命名为"Roto"，并打开该层的图层可见性（图 8-108）。

注意：Roto 是影视动画制作后期阶段中一个重要组成部分，它通常情况下是去解决前期实拍所遗留下来的一些棘手问题，避免摄制组返工以及三维制作人员的海量工作，极大地节约了影片成本，也为前期拍摄争取了更大的灵活度。Roto 人员在实际工作中，主要解决的问题就是把画面中不想要的地方从画面中去除，然后把理想的画面再补上去，使画面播放起来真实自然，通俗地讲，就是抠像再补像，我们这里的工作是省去补像这一环节。

3. 把人物分为几个部分来抠出，在"Roto"层里建立遮罩，把躯干和四肢分别画出遮罩。为了区分，我们在遮罩选项前边的色块改变遮罩的颜色（图 8-109、图 8-110）。

4. 选择"Roto"层，按 M 键在每个遮罩的形状属性中，把遮罩的模式改为"None"，先取消遮罩的功能，这样我们容易观察抠像（图 8-111、图 8-112）。

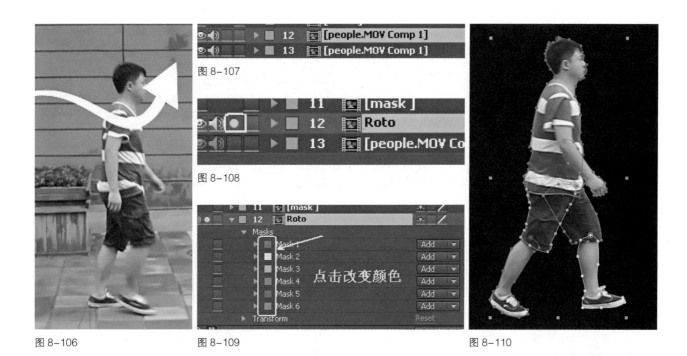

图 8-106　　　　　图 8-107

图 8-108

图 8-109　　　　　图 8-110

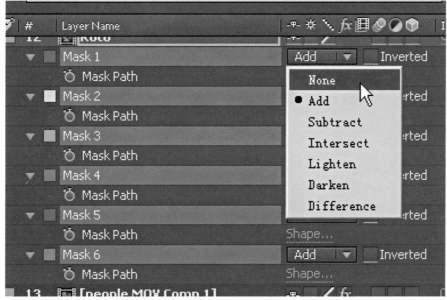

图 8-111

图 8-112

5. 打开遮罩的秒表，记录关键帧动画，逐帧调整遮罩的形状直到最后一帧，人物被抠出（图8-113）。

6. 抠像完成后，把"Roto"层放在所有图层的最上方（图 8-114、图 8-115）。

7. 更改"箭头"层的图层混合模式为"Overlay（叠加）"（图 8-116、图 8-117）。

至此我们的效果就告一段落，我们还可以以同样的方法为视频添加多种多样的花纹动画，使效果更加丰富（图 8-118）。

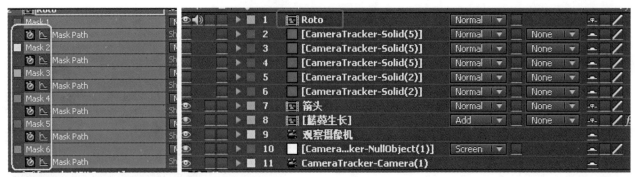

图 8-113   图 8-114

图 8-115

图 8-116

图 8-117

图 8-118

8.7 调色与修饰

基本效果制作完成之后，需要对颜色进行调整，如果最终的效果合乎要求，就可以提交了。

1. 按 Ctrl+Alt+Y 组合键建立调整图层

"Adjustment Layer1"，并重命名为"调色"层，我们把调色的效果直接应用在该层上，它的效果会影响到该层以下的所有图层（图 8-119）。

2. 在 Effects & Presets 的搜索框输入"cur"，底下会显示出"Curve（曲线）"特效，直接拖拽

图 8-119

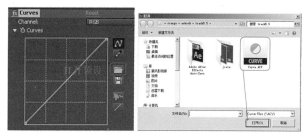

图 8-121

图 8-122

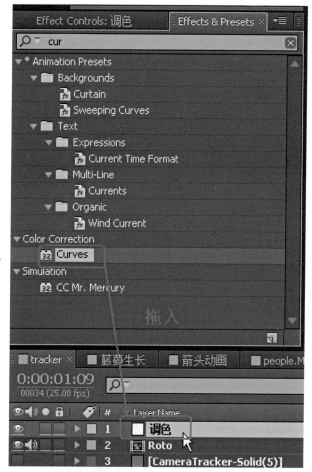

图 8-120

到"调色"层（图 8-120）。

3. 在 Curve 调色特效里，找到打开的图标，载入预设好的文件，这样就省去了我们去调节的麻烦（图 8-121）。

载入参数后，查看画面效果（图 8-122）。

4. 在 Effects & Presets 搜索框里继续输入"trit"，找到 Tritone 效果（图 8-123），拖入到"调色"层。

5. 调节 Tritone 参数，分别设置 Highlights（高光区域）、Midtones（灰度区域）、Shadows（暗部区域）的颜色，将 Blend With Original（与原始混合）调整为 40%，降低效果，并查看效果（图 8-124、图 8-125）。

6. 按 Ctrl+Y 组合键建

图 8-124

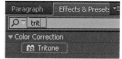

图 8-123

图 8-125

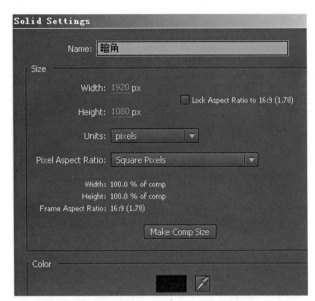

图 8-126

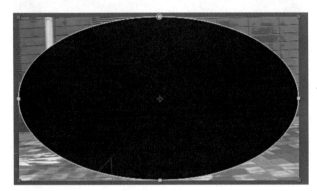

图 8-127

图 8-128

图 8-129

立新固态层，命名为"暗角"，设置颜色为黑色（图8-126）。

7. 在工具栏左键按住矩形工具，弹出隐藏菜单，选择椭圆形工具，然后选择"暗角"层双击椭圆形工具，会在"暗角"层建立一个椭圆形遮罩（图 8-127）。

8. 勾选 invest 反转遮罩，并且调整其他参数，使遮罩适当羽化，并略微改变遮罩的形状，使遮罩稍微拉扁一些（图 8-128）。

最后再预览一下效果，进行微调，如果没有问题，就可以提交给导演审查了（图 8-129）。

小结：

本章的案例并不能涵盖合成的所有技巧，但也是特效合成的一个典型应用。特效合成的技术技巧是很难穷尽的，但是当我们掌握了最基本的思路，建立了一个基本的框架之后，剩下的工作就是将这个框架丰满起来。

实时训练题：

1. 利用 Camera Tracker 跟踪一段拍摄的视频，拍摄尽量有透视的参照物，例如地板、吊顶、楼梯等带有透视参考的视频，或者拍摄前标记好追踪的点。

2. 结合 Particular 粒子，为追踪的三维场景添加三维粒子。

后 记

POSTSCRIPT

在本书的编写过程中，编写团队希望能够将多年的教学经验和制作经验融合在一起，将理论与技术融会贯通，为广大读者在专业学习和职业技能进阶方面提供一个铺垫和桥梁。经过主编及各位编写人员多次的研讨论证，才最终确定大纲及编写内容，在此必须感谢编写团队的努力付出。也感谢中国建筑工业出版社的工作人员在本书编写过程中给予的耐心帮助，以及业界知名专家王一夫先生对本教材的指导和修正。希望本书的出版能够为广大读者在影视特效合成领域的学习研究提供一定的帮助。

图书在版编目（CIP）数据

动画合成基础／王玉强，张炜，姚天正编著 . —北京 :中国建筑工业
出版社，2013.10
高等院校动画专业核心系列教材
ISBN 978-7-112-15834-8

Ⅰ.①动⋯ Ⅱ.①王⋯②张⋯③姚⋯ Ⅲ .①动画制作软件－高等学校－
教材 Ⅳ.① TP391.41

中国版本图书馆 CIP 数据核字（2013）第 213381 号

责任编辑：李东禧 陈 皓
责任校对：姜小莲 赵 颖

高等院校动画专业核心系列教材
主编 王建华 马振龙 副主编 何小青

动画合成基础
王玉强 张炜 姚天正 编著
＊
中国建筑工业出版社出版、发行（北京西郊百万庄）
各地新华书店、建筑书店经销
北京嘉泰利德公司制版
北京顺诚彩色印刷有限公司印刷
＊
开本：880×1230毫米 1/16 印张：10 字数：310千字
2013年10月第一版 2013年10月第一次印刷
定价：78.00元（含光盘）
ISBN 978-7-112-15834-8
　　　（24599）
版权所有 翻印必究
如有印装质量问题,可寄本社退换
（邮政编码 100037）